投考公務員

基本法測試

試題天書

修訂 第三版

最強 CRE 試題王

精選300條模擬試題

20份模擬考卷

資深公務員課程導師撰寫

輕鬆掌握基本法內容

Man Sir & Mark Sir 著

序言

　　現今社會的變遷和經濟的轉型為政府的施政帶來極大的挑戰。因此，公務員團隊必須吸納更多的有志者、有能者，為市民提供優質的服務。所謂有志者，簡單而言，正如特首的施政報告所示：「堅守以民為本的信念，以開放包容的態度，服務市民，貢獻社會。」至於有能者則包括各方的專才，不一而足，且各部門的要求也有所不同，難以一概而論。

　　另一方面，專才也須具備通才的特質，據公務員事務局所示：「政務職系人員是專業的管理通才，在香港特別行政區政府擔當重要角色。」所以，公務員考試組及部分決策局和部門舉辦一系列的考試遴選，以為聘任之用。

　　以學位／專業程度職系而言，最基本的要求就是通過公務員綜合招聘考試（Common Recruitment Examination - CRE），該測試首先包括三張各為45分鐘的多項選擇題試卷，分別是「中文運用」、「英文運用」、和「能力傾向測試」，其目的是評核考生的中、英語文能力及推理能力。

　　之後是「基本法測試」試卷，基本法測試同樣是以選擇題形式作答之試卷，全卷合共15題，考生必須於20分鐘內完成。而基本法測試本身並無設定及格分數，滿分則為100分。基本法測試

的成績，會對於應徵「學位或專業程度公務員職位」的人士佔其整體表現的一個適當的比重。

然而，學有博約之別，才有遲速之分，一些考生雖有志有能，但礙於此一門檻，因而未能加入公務員團隊，一展抱負。

有見及此，本書特為應考公務員綜合招聘試的考生提供試前準備，希望考生能熟習各種題型及答題方法。可是要在45分鐘之內完成全卷對大部分考生而言確有一定的難度。因此，答題的時間分配也是通過該試的關鍵之一。考生宜通過本書的模擬測試，了解自己的強弱所在，從而制訂最適合自己的考試策略。

此外，考生也應明白任何一種能力的培訓，固然不可能一蹴而就，所以宜多加推敲部分附有解説的答案，先從準確入手，再提升答題速度。考生如能善用本書，對於應付公務員綜合招聘考試有很大的幫助。

本書的出版實有賴多方的襄助，特此感謝恩賢教育中心校監陳淦濱先生多番鼓勵，並於百忙之中抽空為本書撰序。謹此銘誌，以表謝忱。

Man Sir & Mark Sir

目錄

CHAPTER ONE
CRE簡介

CHAPTER TWO
模擬試題

CHAPTER THREE
基本法概覽

CHAPTER FOUR
基本法全文

CHAPTER FIVE
常見問題

CHAPTER ONE
CRE 簡介

公務員綜合招聘考試（CRE）簡介

凡投考學位或專業程度公務員職位者，必須通過以下測試：

· 英文運用

· 中文運用

· 能力傾向測試

· 《基本法》知識測試

入職要求

1. 於語文考試中取得二級或一級成績（各個職系要求不同）

2. 通過《基本法》知識測試（無及格標準，成績只作參考）

3. 能力傾向測試及格（部份職系不需此項）

考試模式

I. 英文運用

考試模式：全卷共40題選擇題，限時45分鐘

試題類型：

· Comprehension

· Error Identification

· Sentence Completion

· Paragraph Improvement

評分標準：成績分為二級、一級或不及格（二級為最高等級）

擁有以下資歷者可豁免CRE英文運用考試：

· 香港高級程度會考英語運用科或GCE（A Level）English Language科C級或以上成績等同CRE英文運用二級成績，D級成績等同一級成績。

· 在IELTS取得6.5或以上，並在同一次考試中各項個別分級取得不低於6，在考試成績的兩年有效期內，等同CRE英文運用二級成績。

II. 中文運用

考試模式：全卷共45題選擇題，限時45分鐘

試題類型：

- 閱讀理解

- 字詞辨識

- 句子辨析

- 詞句運用

評分標準：成績分為二級、一級或不及格，二級為最高等級

擁有以下資歷者可豁免CRE中文運用考試：

- 香港高級程度會考中國語文及文化、中國語言文學或中國語文科C級或以上成績會獲接納為等同CRE中文運用試卷的二級成績，D級成績等同一級成績。

III. 能力傾向測試

考試模式：全卷共35題選擇題，限時45分鐘

試題類型：

· 演繹推理

· Verbal Reasoning (English)

· Numerical Reasoning

· Data Sufficiency Test

· Interpretation of Tables and Graphs

評分標準：成績分為及格或不及格

IV. 《基本法》知識測試

考試模式：全卷共15題選擇題，限時20分鐘

評分標準：無及格標準，測試應徵者對《基本法》（包括所有附件及夾附的資料）的認識。成績會在整體表現中佔適當比重，但不會影響其申請公務員職位的資格。

CHAPTER ONE
CRE簡介

CHAPTER TWO
基本法概覽

CHAPTER THREE
基本法全文

CHAPTER FOUR
模擬試題

CHAPTER FIVE
常見問題

政府各職系入職要求

	職系	入職職級	英文運用	中文運用	能力傾向測試
1	會計主任	二級會計主任	二級	二級	及格
2	政務主任	政務主任	二級	二級	及格
3	農業主任	助理農業主任/ 農業主任	一級	一級	及格
4	系統分析/ 程序編製主任	二級系統分析/ 程序編製主任	二級	二級	及格
5	建築師	助理建築師/ 建築師	一級	一級	及格
6	政府檔案處主任	政府檔案處助理主任	二級	二級	-
7	評稅主任	助理評稅主任	二級	二級	及格
8	審計師	審計師	二級	二級	及格
9	屋宇裝備工程師	助理屋宇裝備工程師/ 屋宇裝備工程師	一級	一級	及格
10	屋宇測量師	助理屋宇測量師/ 屋宇測量師	一級	一級	及格
11	製圖師	助理製圖師/ 製圖師	一級	一級	-
12	化驗師	化驗師	一級	一級	及格
13	臨床心理學家（衛生署）	臨床心理學家（衛生署）	一級	一級	-
14	臨床心理學家（懲教署、香港警務處）	臨床心理學家（懲教署、香港警務處）	二級	二級	-
15	臨床心理學家（社會福利署）	臨床心理學家（社會福利署）	二級	二級	及格
16	法庭傳譯主任	法庭二級傳譯主任	二級	二級	及格
17	館長	二級助理館長	二級	二級	-
18	牙科醫生	牙科醫生	一級	一級	-
19	營養科主任	營養科主任	一級	一級	-
20	經濟主任	經濟主任	二級	二級	-
21	教育主任（懲教署）	助理教育主任（懲教署）	二級	二級	-
22	教育主任（教育局、社會福利署）	助理教育主任（教育局、社會福利署）	二級	二級	-
23	教育主任（行政）	助理教育主任（行政）	二級	二級	-
24	機電工程師（機電工程署）	助理機電工程師/ 機電工程師（機電工程署）	一級	一級	及格
25	機電工程師（創新科技署）	助理機電工程師/ 機電工程師（創新科技署）	一級	一級	-

CHAPTER ONE
CRE簡介
CHAPTER TWO 基本法概覽
CHAPTER THREE 基本法全文
CHAPTER FOUR 模擬試題
CHAPTER FIVE 常見問題

	職系	入職職級	英文運用	中文運用	能力傾向測試
26	電機工程師（水務署）	助理電機工程師/ 電機工程師（水務署）	一級	一級	及格
27	電子工程師（民航署、機電工程署）	助理電子工程師/ 電子工程師（民航署、機電工程署）	一級	一級	及格
28	電子工程師（創新科技署）	助理電子工程師/電子工程師（創新科技署）	一級	一級	-
29	工程師	助理工程師/ 工程師	一級	一級	及格
30	娛樂事務管理主任	娛樂事務管理主任	二級	二級	及格
31	環境保護主任	助理環境保護主任/ 環境保護主任	二級	二級	及格
32	產業測量師	助理產業測量師/ 產業測量師	一級	一級	-
33	審查主任	審查主任	二級	二級	及格
34	行政主任	二級行政主任	二級	二級	及格
35	學術主任	學術主任	一級	一級	-
36	漁業主任	助理漁業主任/ 漁業主任	一級	一級	及格
37	警察福利主任	警察助理福利主任	二級	二級	-
38	林務主任	助理林務主任/ 林務主任	一級	一級	及格
39	土力工程師	助理土力工程師/ 土力工程師	一級	一級	及格
40	政府律師	政府律師	二級	二級	-
41	政府車輛事務經理	政府車輛事務經理	一級	一級	-
42	院務主任	二級院務主任	二級	二級	及格
43	新聞主任(美術設計)/(攝影)	助理新聞主任（美術設計）/ （攝影）	一級	一級	-
44	新聞主任（一般工作）	助理新聞主任（一般工作）	二級	二級	及格
45	破產管理主任	二級破產管理主任	二級	二級	及格
46	督學（學位）	助理督學（學位）	二級	二級	-
47	知識產權審查主任	二級知識產權審查主任	二級	二級	及格
48	投資促進主任	投資促進主任	二級	二級	-
49	勞工事務主任	二級助理勞工事務主任	二級	二級	及格
50	土地測量師	助理土地測量師/ 土地測量師	一級	一級	-

	職系	入職職級	英文運用	中文運用	能力傾向測試
51	園境師	助理園境師／園境師	一級	一級	及格
52	法律翻譯主任	法律翻譯主任	二級	二級	-
53	法律援助律師	法律援助律師	二級	二級	及格
54	圖書館館長	圖書館助理館長	二級	二級	及格
55	屋宇保養測量師	助理屋宇保養測量師／屋宇保養測量師	一級	一級	及格
56	管理參議主任	二級管理參議主任	二級	二級	及格
57	文化工作經理	文化工作副經理	二級	二級	及格
58	海事主任	海事主任	一級	一級	-
59	機械工程師	助理機械工程師／機械工程師	一級	一級	及格
60	醫生	醫生	一級	一級	-
61	職業環境衛生師	助理職業環境衛生師／職業環境衛生師	二級	二級	及格
62	法定語文主任	二級法定語文主任	二級	二級	-
63	民航事務主任（適航）	民航事務主任(適航)/高級民航事務主任(適航)	二級	一級	-
64	民航事務主任(民航行政管理)	助理民航事務主任（民航行政管理）／ 民航事務主任（民航行政管理）／ 高級民航事務主任（民航行政管理）	二級	二級	-
65	民航事務主任 (航空營運督察)	高級民航事務主任（航空營運督察）	二級	一級	-
66	防治蟲鼠主任	助理防治蟲鼠主任／防治蟲鼠主任	一級	一級	及格
67	藥劑師	藥劑師	一級	一級	-
68	物理學家	物理學家	一級	一級	及格
69	規劃師	助理規劃師／規劃師	二級	二級	及格
70	小學學位教師	助理小學學位教師	二級	二級	-
71	工料測量師	助理工料測量師／工料測量師	一級	一級	及格
72	規管事務經理	規管事務經理	一級	一級	-
73	科學主任	科學主任	一級	一級	-
74	科學主任（醫務）（衛生署）	科學主任（醫務）（衛生署）	一級	一級	-
75	科學主任 (醫務)（食物環境衛生署）	科學主任（醫務）（食物環境衛生署）	一級	一級	及格

	職系	入職職級	英文運用	中文運用	能力傾向測試
76	管理值班工程師	管理值班工程師	一級	一級	-
77	船舶安全主任	船舶安全主任	一級	一級	-
78	即時傳譯主任	即時傳譯主任	二級	二級	-
79	社會工作主任	助理社會工作主任	二級	二級	及格
80	律師	律師	二級	一級	-
81	專責教育主任	二級專責教育主任	二級	二級	-
82	言語治療主任	言語治療主任	一級	一級	-
83	統計師	統計師	二級	二級	及格
84	結構工程師	助理結構工程師/ 結構工程師	一級	一級	及格
85	驗船主任(輪機及船舶) /(航海) /(船舶)	驗船主任（輪機及船舶)/（航海)/（船舶)	一級	一級	-
86	電訊工程師（香港警務處）	助理電訊工程師/電訊工程師(香港警務處)	一級	一級	-
87	電訊工程師（電訊管理局）	助理電訊工程師/ 電訊工程師(電訊管理局)	一級	一級	及格
88	電訊工程師（香港電台）	高級電訊工程師（香港電台)	一級	一級	-
89	城市規劃師	助理城市規劃師/ 城市規劃師	二級	二級	及格
90	貿易主任	二級助理貿易主任	二級	二級	及格
91	訓練主任	二級訓練主任	二級	二級	及格
92	運輸主任	二級運輸主任	二級	二級	及格
93	庫務會計師	庫務會計師	二級	二級	及格
94	物業估價測量師	助理物業估價測量師/ 物業估價測量師	一級	一級	及格
95	獸醫師	獸醫師	一級	一級	-
96	水務化驗師	水務化驗師	一級	一級	及格

CHAPTER TWO

模擬試題

模擬測試（01）
（限時二十分鐘）

1. **《基本法》由誰制定？**

   A. 香港立法會常務委員會

   B. 全國人民代表大會

   C. 香港特區政府行政會議

2. **《基本法》的「解釋權」誰屬？**

   A. 香港立法會常務委員會

   B. 全國人民代表大會常務委員會

   C. 香港特區政府官員行政會議

3. **《基本法》的「修改權」誰屬？**

   A. 全國人民代表大會

   B. 香港特區政府行政會議

   C. 香港立法會

4. **「一國兩制」中，中國內地所奉行的是甚麼制度？**

   A. 社會主義制度

   B. 和平主義制度

   C. 資本主義制度

5. 「一國兩制」中,香港特別行政區所奉行的是甚麼制度?

   A. 社會主義制度

   B. 和平主義制度

   C. 資本主義制度

6. 中華人民共和國總共有多少個省份?

   A. 22 個

   B. 23 個

   C. 24 個

7. 香港特別行政區所擁有的「自治權」並不包括以下哪項?

   A. 外交權

   B. 行政管理權

   C. 立法權

CHAPTER ONE
CRE 簡介

CHAPTER TWO
模擬試題

CHAPTER THREE
基本法概覽

CHAPTER FOUR
基本法全文

CHAPTER FIVE
常見問題

8. 中國目前總共有大約多少人口？

A. 約 11 億

B. 約 12 億

C. 約 13 億

9. 「港人治港」的基本含義究竟是甚麼？

A. 由英國人管理香港

B. 由香港人管理香港

C. 由中國人管理香港

10. 香港特別行政區「行政長官」每一屆的任期應為多少年？

A. 5 年

B. 4 年

C. 3 年

11. **香港特別行政區「行政長官」於任期屆滿後可否連任？**

    A. 不可以連任

    B. 可以連任一次

    C. 可以連任兩次

12. **參選香港特別行政區「行政長官」是需要具備甚麼條件？**

    A. 年滿 40 周歲，並且在外國無居留權

    B. 年滿 45 周歲，並且在外國無居留權

    C. 年滿 50 周歲，並且在外國無居留權

13. **香港特別行政區「行政長官」每年均要向立法會提交下列哪項報告？**

    A. 財政預算案

    B. 施政報告

    C. 社會福利預算案

CHAPTER ONE
CRE 簡介

CHAPTER TWO
模擬試題

CHAPTER THREE
基本法概覽

CHAPTER FOUR
基本法全文

CHAPTER FIVE
常見問題

14. 下列哪個機構是行使香港特別行政區的「終審權」？

A. 終審法院

B. 高等法院

C. 國務院

15. 下列哪一天是中國的建軍節？

A. 5 月 1 日

B. 8 月 1 日

C. 10 月 1 日

測試（01）答案

(1) B	(2) B	(3) A	(4) A	(5) C
(6) B	(7) A	(8) C	(9) B	(10) A
(11) B	(12) A	(13) B	(14) A	(15) B

模擬測試（02）
（限時二十分鐘）

CHAPTER ONE
CRE 簡介

CHAPTER TWO
模擬試題

CHAPTER THREE
基本法概覽

CHAPTER FOUR
基本法全文

CHAPTER FIVE
常見問題

1. **下列哪個組織負責香港特區行政區的「外交事務」？**

   A. 香港特區政府外交部

   B. 外交部駐港特派員公署

   C. 國務院港澳辦公室

2. **根據《基本法》的規定，立法會議員是如何產生？**

   A. 是根據委任所產生

   B. 是根據面試所產生

   C. 是根據選舉所產生

3. **香港特別行政區的立法機關所制定的法律，須告知下列哪一個組織備案？**

   A. 全國人民代表大會常務委員會

   B. 高等法院

   C. 國務院

4. 廉政公署和下列哪一個政府部門是獨立工作，直接向香港特區「行政長官」負責？

A. 審計署

B. 教育統籌局

C. 政制及內地事務局

5. 《中英聯合聲明》於何年所簽署？

A. 1982 年

B. 1983 年

C. 1984 年

6. 香港何時回歸中國？

A. 1997 年 7 月 1 日

B. 1996 年 7 月 1 日

C. 1995 年 7 月 1 日

7. 「國家在必要時得設立特別行政區，在特別行政區內實行的制度，按照具體情況由全國人民代表大會以法律規定。」以上是中華人民共和國憲法中之的第幾條？

A. 第31條

B. 第30條

C. 第29條

8. 起草《基本法》的起草委員會，最初是由多少人所組成？

A. 由 58 人

B. 由 59 人

C. 由 60 人

9. 哪一個組織負責《基本法》的諮詢工作？

A. 基本法委員會

B. 基本法起草委員會

C. 基本法諮詢委員會

10. 誰是「區旗」、「區徽」的設計師？

    A. 魯平

    B. 何弢

    C. 溫家寶

11. 中華人民共和國中哪些地方是實行「一國兩制」？

    (1)香港　(2)澳門　(3)北京

    A. 只有(1)

    B. (1)和(2)

    C. 全部皆是

12. 根據《基本法》的規定，香港特別行政區在下列哪些方面沒有「自治權」？

    (1) 立法　(2) 外交　(3) 防務

    A. 全部皆是　　B. (1)和(2)　C. (2)和(3)

13. 香港特別行政區的「區旗」、「區徽」圖案評委會，共收到多少件參賽作品？

    A. 7147 件　　B. 714 件　　C. 74 件

CHAPTER ONE
CRE簡介

CHAPTER TWO
模擬試題

CHAPTER THREE
基本法概覽

CHAPTER FOUR
基本法全文

CHAPTER FIVE
常見問題

14. 假如全國人大常委要增減《基本法》內訂明於香港實施的全國性法律，必須徵詢哪些機構的意見？

(1)國務院港澳辦　(2)基本法諮詢委員會

(3)香港特別行政區政府

A. 只有(2)

B. (1)和(2)

C. (2)和(3)

15. 下列哪句陳述並不正確？

A. 《基本法》不得與《憲法》相抵觸

B. 《憲法》是國家的根本法

C. 《基本法》不是全國性的法律，只有香港特別行政區居民才需要遵守

測試（02）答案

(1) B	(2) C	(3) A	(4) A	(5) C
(6) A	(7) A	(8) B	(9) C	(10) B
(11) B	(12) C	(13) A	(14) C	(15) C

模擬測試（03）
（限時二十分鐘）

1. 香港特別行政區是直轄於哪級之政府機關？

A. 省及自治區政府

B. 中央人民政府

C. 中華人民共和國自治區

2. 何謂「50年不變」？

A. 香港保持原有的資本主義制度和生活方式，50年不變

B. 香港保持原有的政府部門和政策，50年不變

C. 香港繼續沿用「香港」這個名稱，50年不變

3. 國家如何在香港特區的防務上行使主權？

A. 由國家委任香港特別行政區的警務處處長行使

B. 國家在有必要時會增派國內之公安機關協助香港的防務

C. 國家在有必要時會派人民解放軍駐守香港特別行政區

4. 《基本法》之中，總共有多少條？

A. 150 條

B. 160 條

C. 170 條

5. 以下列哪句句子是正確的敘述？

A. 人大釋法會損害香港特別行政區的高度自治權

B. 人大釋法會干預香港特別行政區的司法獨立

C. 全國人民代表大會常務委員會在對《基本法》進行解釋前，徵詢其所屬的香港特別行政區《基本法》委員會的意見

6. 《基本法》之中，總共有多少個附件？

A. 3 個

B. 2 個

C. 1 個

CHAPTER ONE
CRE 簡介

CHAPTER TWO
模擬試題

CHAPTER THREE
基本法概覽

CHAPTER FOUR
基本法全文

CHAPTER FIVE
常見問題

7. 《基本法》的「修改及提案權」屬誰所有？

   (1) 香港特別行政區的立法會

   (2) 全國人民代表大會常務委員會

   (3) 國務院

   (4) 香港特別行政區行政會議成員

   A. (1)、(2) 和 (4)

   B. (2)、(3) 和 (4)

   C. 全部皆是

8. 在全中國的法律制度裡，有甚麼法律的地位是高於《基本法》？

   A. 中國基本法律

   B. 中國《憲法》

   C. 國務院法規

9. 下列哪項為《基本法》所規定？

A. 所有當選為立法會議員的名單，必須呈報中央人民政府進行審批

B. 香港特別行政區「行政長官」及所有首長級官員均須呈報及交由中央任免

C. 香港特別行政區的防務和與特區有關的外交事務須由中央人民政府負責管理

10. 在《基本法》裡，以下哪項權利是香港特別行政區永久性居民所擁有，而非永久性居民則沒有？

A. 免費法律諮詢及提出訴訟

B. 選舉及被選舉權

C. 結社及言論自由

11. 國家會對香港按照哪種「基本方針」和「政策」，從而設立香港特別行政區？

A. 按照一個國家，兩種制度

B. 按照一個國家，兩種法律

C. 按照一個國家，兩種經濟

12. 香港特別行政區「行政長官」和「行政機關」的主要官員由誰任命？

A. 香港特別行政區「行政長官」

B. 「立法會議員」及「行政會議成員」

C. 中央人民政府

13. 中央各部門、省、自治區、直轄市如需在香港特別行政區設立機構，須徵得誰的同意？

A. 只須徵得香港特別行政區「行政長官」同意

B. 必須徵得香港特別行政區政府同意並經由中央人民政府批准

C. 以上兩者皆不是

14. 香港特別行政區的「主要官員」，必須具備以下哪項條件？

A. 在香港通常居住連續滿7年，並且在外國並無居留權的香港特別行政區永久性居民中的中國公民所擔任

B. 在香港通常居住連續滿12年，並且在外國並無居留權的香港特別行政區永久性居民中的中國公民所擔任

C. 在香港通常居住連續滿20年，並且在外國並無居留權的香港特別行政區永久性居民中的中國公民所擔任

15. 香港特別行政區「立法會」，除了第一屆任期為2年外，其後每屆任期為多少年？

A. 3 年

B. 4 年

C. 5 年

測試（03）答案

(1) B	(2) A	(3) C	(4) B	(5) C
(6) A	(7) B	(8) B	(9) C	(10) B
(11) A	(12) C	(13) B	(14) C	(15) B

模擬測試（04）

（限時二十分鐘）

CHAPTER ONE
CRE 簡介

CHAPTER TWO
模擬試題

CHAPTER THREE
基本法概覽

CHAPTER FOUR
基本法全文

CHAPTER FIVE
常見問題

1. 香港特別行政區應如何處理香港特區的財政收入呢？

A. 香港特別行政區須把收入中的30%上繳中央人民政府

B. 香港特別行政區須把收入中的25%上繳中央人民政府

C. 香港特別行政區的財政收入須全部用於自身需要，不用上繳中央人民政府

2. 下列哪個說法正確？

A. 外國可以自由在香港特別行政區設立領事機構或其他官方、半官方機構，不需要中央人民政府批准

B. 外國在香港特別行政區設立領事機構或其他官方、半官方機構，必須要經過中央人民政府批准

C. 外國不能在香港特別行政區設立領事機構或官方、半官方機構

3. 香港特別行政區「行政長官」的選舉委員會委員，是由多少人組成？

    A. 1200 人

    B. 800 人

    C. 600 人

4. 香港特別行政區「行政長官」的產生辦法，是詳列在哪個附件中？

    A. 附件一

    B. 附件二

    C. 附件三

5. 香港特別行政區「行政長官」需在當地通過甚麼程序所產生，並由中央人民政府任命？

    A. 委任程序產生

    B. 選舉程序產生

    C. 選舉或協商程序產生

6. 香港特別行政區的「立法機關」所制定的法律，必須告知哪一級國家機關備案？

A. 全國人民代表大會常務委員會

B. 國務院

C. 最高人民法院

7. 香港特別行政區的哪一個組織是協助「行政長官」決策的機關？

A. 中央政策組

B. 行政長官辦公室

C. 行政會議

8. 香港特別行政區「行政長官」如果認為立法會通過的法案並不符合香港特別行政區的整體利益，「行政長官」可以在多少個月之內將法案發回給立法會重議呢？

A. 一個月

B. 兩個月

C. 三個月

9. 香港特別行政區的立法會議員提出的法律草案，凡涉及政府的政策，在提出前必須得到哪一個成員的書面同意？

A. 立法會主席

B. 香港特別行政區「行政長官」

C. 政制及內地事務局局長

10. 香港特別行政區可與全國其他地區的甚麼部門，通過協商依法進行司法方面的聯繫和相互提供協助？

A. 司法機構和當地政府

B. 司法機構

C. 立法機構和司法機構

11. 香港特別行政區的「外匯基金」，是由哪個機構管理和支配，其主要作用又是甚麼？

A. 是金融管理局，負責確保聯繫匯率

B. 是香港特別行政區政府，負責調節港元匯價

C. 是香港特別行政區政府，負責確保聯繫匯率

12. 自2007年後，香港特別行政區立法會的產生，如需要修改，必須經過下列哪些程序？

(1) 全體立法會議員三分之二多數通過

(2) 行政長官同意

(3) 全國人民代表大會常務委員會批准

(4) 報全國人民代表大會備案

A. (1)、(2)和(3)

B. (1)、(2)和(4)

C. (1)、(2)、(3)和(4)

13. 根據《基本法》第104條的規定，下列哪一些人員就職時，是無需依法宣誓擁護《基本法》呢？

(1)立法會議員

(2)區議會議員

(3)公務員

(4)法院法官

A. (1)和(3)

B. (3)和(4)

C. (2)和(3)

14. 香港特別行政區的「司法機構」，由高至低排列次序應該是怎樣？

(1)裁判署法庭和其他專門法庭　(2)區域法院

(3)地方法院　(4)最高法院

(5)高等法院　(6)終審法院

A. (6)(5)(2)(1)

B. (6)(4)(2)(1)

C. (6)(4)(3)(1)

15. 根據《基本法》的規定，香港特別行政區應自行立法，禁止任何觸犯甚麼行為？

(1)叛國　(2)邪教　(3)分裂國家

(4)煽動叛亂　(5)出版煽動刊物

(6)顛覆中央人民政府　(7)竊取國家機密

A. (1)、(2)、(3)、(4)、(5)、(6) 和 (7)

B. (1)、(2)、(3)、(4)、(5) 和 (6)

C. (1)、(3)、(4)、(6) 和 (7)

測試（04）答案

(1) C	(2) B	(3) A	(4) A	(5) C
(6) A	(7) C	(8) C	(9) B	(10) B
(11) C	(12) B	(13) C	(14) A	(15) C

模擬測試（05）
（限時二十分鐘）

CHAPTER ONE
CRE 簡介

CHAPTER TWO
模擬試題

CHAPTER THREE
基本法概覽

CHAPTER FOUR
基本法全文

CHAPTER FIVE
常見問題

1. 下列哪些職級的香港特別行政區官員，是必須由在外國無居留權的香港特區永久性居民中的中國公民擔任?

   (1)各司司長　**(2)**立法會議員

   (3)高等法院法官　**(4)**廉政專員

   A. (1)，(2)，(3)和(4)

   B. (1)，(2)和(3)

   C. (1)和(4)

2. 香港特別行政區立法會議員，在立法會的會議上發言，可享甚麼權利？

   A. 沒有甚麼權利

   B. 不受法律追究的權利

   C. 不受彈劾的權利

3. 香港原有的法律，即「甚麼法、甚麼法、條例、附屬立法和甚麼法」，除了同《基本法》相抵觸又或者經香港特別行政區的立法機關作出修改外，予以保留？

   A. 普通法、案例、成文法

   B. 普通法、衡平法、習慣法

   C. 普通法、成文法、案例

4. 自從2007年以後，香港特別行政區「行政長官」的產生辦法如果需修改，必須經過下列哪些程序?

(1)必須經過立法會全體議員三分二多數通過

(2)必須經過「行政長官」的同意

(3)必須報全國人民代表大會常務委員會備案

(4)必須報全國人民代表大會常委員會批准

A. (1)和(3)

B. (1)、(2)和(3)

C. (1)、(2)和(4)

5. 外國政府和組織並不允許干預香港特別行政區你事務，主要是基於下列哪些公認的國際法原則？

(1)和平共處　　(2)互惠互利

(3)平等互讓　　(4)互不侵犯

A. (2)和(3)　　　B. (2)和(4)　　　C. (1)和(4)

CHAPTER ONE
CRE 簡介

CHAPTER TWO
模擬試題

CHAPTER THREE
基本法概覽

CHAPTER FOUR
基本法全文

CHAPTER FIVE
常見問題

6. 下列哪些法律是適用於香港特別行政區？

   (1)在香港實施的全國性法律和全國人大及其常委會專為香港特別行政區頒布的命令或決定

   (2)在香港實施的全國性法律和全國人大專為香港特別行政區頒布的命令或決定

   (3)中國尚未參加，但適用於香港的國際條約
   (4)香港的所有"原有法律"

   A. (1)、(3)和(4)

   B. (1)、(2)和(4)

   C. (1)和(3)

7. 根據《基本法》第115條的規定，香港特別行政區實行自由貿易政策，主要是要保障下列哪一項的流動自由？

   (1)資金　(2)貨物　(3)無形財產　(4)資本

   A. (2)、(3)和(4)

   B. (1)、(2)和(3)

   C. (1)、(2)、(3)和(4)

8. 香港特別行政區行政會議的成員，是由特區
行政長官從下列哪些人士中所委任？

(1)各個政黨之黨魁　　(2)行政機關的主要官員

(3)立法會議員　　(4)社會各階層人士

A. (1)、(2)和(3)

B. (2)、(3)和(4)

C. (1)、(2)、(3)和(4)

9. 香港特別行政區「行政長官」在下列哪些情
況下，必須徵詢行政會議的意見?

(1)作出重要決策　　(2)委任高級公務員

(3)緊急情況下採取的措施　　(4)向立法會提交法案

A. (1)和(4)

B. (1)、(2)和(3)

C. (1)、(2)、(3)和(4)

10. 由特區行政長官提名，並報請中央人民政府任命的主要官員，包括哪幾位？

(1) 各司司長　**(2)** 各局之副局長

(3) 行政會議成員　**(4)** 終審法院法官

(5) 海關關長　**(6)** 入境事務處處長

A. (1)、(2)、(4)、(5)和(6)

B. (1)、(2)、(3)和(5)

C. (1)、(5)和(6)

11. 在香港原有法律下有效的甚麼東西，在不抵觸《基本法》的前提下繼續有效，並且受到香港特別行政區承認和保護？

(1) 文件　**(2)** 證件　**(3)** 契約　**(4)** 權利義務

A. (1)、(2)、(3)和(4)

B. (1)、(2)和(3)

C. (2)和(3)

12. 根據《基本法》第8條的規定，香港原有的法律，除同《基本法》相抵觸或經特區立法機關作出修改者外，予以保留。其中所指「香港原有法律」是包括下列哪些法律?

(1)普通法　(2)衡平法　(3)條例　(4)附屬立法
(5)習慣法　(6)條文

A. (1)、(2)、(3)、(4)、(5)和(6)

B. (1)、(2)、(3)、(4)和(5)

C. (1)、(2)、(3)和(5)

13. 根據《基本法》附件3的規定，下列哪些不是現時香港特別行政區公布或立法實施的全國性法律呢？

(1)《中央人民政府公佈中華人民共和國國徽的命令》

(2)《中華人民共和國領海及毗連區法》

(3)《中華人民共和國憲法》

(4)《中華人民共和國國籍法》

(5)《中華人民共和國專屬經濟區和大陸架法》

A. (2)和(4)

B. (1)和(3)

C. (1)、(2)和(5)

CHAPTER ONE
CRE 簡介

CHAPTER TWO
模擬試題

CHAPTER THREE
基本法概覽

CHAPTER FOUR
基本法全文

CHAPTER FIVE
常見問題

14. 「一個國家，兩種制度」，一國是前提的精神，並且會在甚麼地方體現出來？

(1) 在任命香港特別行政區的主要官員時候

(2) 審批財政預算案的時候

(3) 《基本法》的解釋權和修改權

(4) 全國性法律在香港特別行政區的實施時

A. (1)、(2)、(3)和(4)

B. (1)、(2)和(3)

C. (1)、(3)和(4)

15. 順序排列《香港特別行政區基本法》的解釋程序：

(1) 全國人大常委會行使《基本法》的解釋權

(2) 對特別行政區自治範圍的條款自行解釋，而對其他的條款也可解釋

(3) 香港特別行政區基本法委員會提出意見

(4) 審理的案件涉及中央管理的事務或中央與特區關係的條款，而該案又為終審判決，應由香港特區終審法院提請全國人大常委會對有關條款作出解釋

(5) 香港特別行政區法院經授權審理案件

A. (1)、(5)、(3)、(2)、(4)

B. (3)、(1)、(5)、(2)、(4)

C. (5)、(3)、(2)、(4)、(1)

測試（05）答案

(1) C	(2) B	(3) B	(4) C	(5) C
(6) A	(7) A	(8) B	(9) A	(10) C
(11) A	(12) B	(13) B	(14) C	(15) B

CHAPTER ONE
CRE 簡介

CHAPTER TWO
模擬試題

CHAPTER THREE
基本法概覽

CHAPTER FOUR
基本法全文

CHAPTER FIVE
常見問題

模擬測試（06）
（限時二十分鐘）

1. **根據《基本法》的規定，《中國國籍法》對於香港特別行政區的規定是甚麼？**

   A. 承認雙重國籍以及在進入香港特別行政區時申報國籍。

   B. 在進入香港特別行政區時不需要申報國籍及承認英國政府的"居英權"計劃。

   C. 雙重國籍不予承認，在進入特區時申報國籍及絕不承認英國政府的"居英權"計劃。

2. **全國人民代表大會授權香港特別行政區依照《基本法》的規定實行高度自治，究竟「高度自治權」是包括那幾方面？**

   (1)行政管理權　　(2)防止貪污權

   (3)經濟自由權　　(4)立法權

   (5)獨立的司法權　　(6)終審權

   A. (1)、(2)、(3)和(4)

   B. (2)、(3)、(4)和(5)

   C. (1)、(4)、(5)和(6)

3. 香港特別行政區境內的土地和自然資源是屬於誰所有，並且由香港特別行政區政府負責管理、使用、開發、出租或批給個人、法人或團體使用或開發，其收入全歸誰支配？

A. (1)香港特別行政區政府　(2)國家

B. (1)國家　(2)國家

C. (1)國家　(2)香港特別行政區政府

4. 在香港特別行政區立法機關制定法律備案方面，如全國人民代表大會常務委員會在徵詢其所屬的甚麼委員會後，如認為香港特別行政區立法機關制定的任何法律不符合本法關於中央管理的事務及中央和香港特別行政區的關係的條款，可將有關法律發回，但不作修改？

A. 法律工作委員會

B. 香港特別行政區基本法委員會

C. 香港事務委員會

5. 在香港特區立法機關制定法律備案方面，如全國人民代表大會常務委員會認為香港特別行政區立法機關制定的任何法律不符合基本法關於中央管理的事務及中央和香港特別行政區的關係的條款，可將有關法律怎處理？

A. 發回或修改

B. 發回

C. 發回，但不作修改

6. 根據《基本法》第21條的規定，香港特別行政區居民中的中華人民共和國公民依法參與國家事務的管理。根據全國人民代表大會確定的名額和代表產生辦法，由麼人在香港選出香港特別行政區的全國人民代表大會代表，參加最高國家權力機關的工作？

A. 由800人代表團

B. 香港特別行政區居民中的中國公民

C. 香港特別行政區居民中的永久性居民

7. 中華人民共和國其他地區的人，進入香港特別行政區須辦理批准手續，其中進入香港特別行政區定居的人數由有甚麼規定？

A. 是由中央人民政府主管部門發出指示，香港特別行政區政府負責執行

B. 是由中央人民政府主管部門制定人數香港特別行政區政府不能修改

C. 是由中央人民政府主管部門徵求香港特別行政區政府的意見後確定

8. 香港特別行政區「行政長官」職權包括可向中央人民政府建議免除部份官員，而下列哪些官員並不包括在內？

(1)廉政專員　(2)審計署署長

(3)終審庭首席法官　(4)海關關長

(5)選舉委員會主席　(6)立法會主席

A. (3)、(5)和(6)

B. (1)、(3)和(4)

C. (1)、(2)和(5)

9. 香港特別行政區「行政長官」如認為立法會通過的法案不符合香港特別行政區的整體利益，「行政長官」可在多少時間內，將有關之法案發回立法會重議，立法會如以不少於全體議員多少比例的多數再次通過原案，「行政長官」必須在多少時間內簽署公佈又或者按《基本法》第50條的規定作處理？

A. (1)六個月　(2)三分之二　(3)三個月

B. (1)三個月　(2)三分之二　(3)一個月

C. (1)三個月　(2)全體　(3)三個月

10. 香港特別行政區立法會議員如在香港特別行政區區內又或者區外被判犯有刑事罪行，除判處監禁多少時及會怎樣處理其職務？

A. 判處監禁三個月以上，即解除其職務

B. 判處監禁一個月以上，經香港特別行政區「行政長官」批准即可解除其職務

C. 判處監禁一個月以上，並由立法會出席會議的議員三分之二通過解除其職務

CHAPTER ONE
CRE簡介

CHAPTER TWO
模擬試題

CHAPTER THREE
基本法概覽

CHAPTER FOUR
基本法全文

CHAPTER FIVE
常見問題

11.根據《基本法》的規定，香港特別行政區立法會議員如行為不檢又或者違反誓言而經立法會出席會議的議員三分之二通過譴責後，應該作出怎樣的處理？

A. 應該由立法會主席宣告其喪失立法會議員資格

B. 可自動免除其立法會職權

C. 經香港特別行政區「行政長官」批准，即喪失其立法會議員的資格

12.根據《基本法》的規定，香港特別行政區的「終審權」是屬於香港特別行政區終審法院，而終審法院可根據需要邀請甚麼人參加審判？

A. 可以邀請其他「普通法」適用地區的法官參加審判

B. 可以邀請其他地區的法官參加審判

C. 可以邀請其他「普通法」適用地區的法律人員參加審判

13.根據《基本法》的規定，香港特別行政區法院的法官只有在無力履行職責又或者行為不檢的情況下，香港特別行政區的「行政長官」可作怎樣處理？

A. 行政長官才可根據終審法院首席法官的建議，報請全國人民代表大會常務委員會予以免職

B. 行政長官才可根據立法會的建議，報請全國人民代表大會常務委員會予以免除其職務

C. 行政長官才可根據終審法院首席法官任命的不少於三名當地法官組成的審議庭建議予以免職

14.根據《基本法》規定，香港特別行政區「終審法院」的法官和「高等法院」首席法官的任命或免職，還須由「行政長官」徵得立法會同意，並報請哪一個國家權力機構備案？

A. 全國人民代表大會常務委員會

B. 全國人民代表大會

C. 國務院

15. 原舊批約地段、鄉村屋地、丁屋地和類似的農村土地，如該土地在**1984年6月30日**的承租人，或在該日以後批出的丁屋地承租人，其父系為哪一年在香港的原有鄉村居民，只要該土地的承租人仍為該人或其合法父系繼承人，原定租金可以維持不變？

A. 1840 年

B. 1860 年

C. 1898 年

模擬測試（07）
（限時二十分鐘）

1. **根據《基本法》的規定，香港特區立法會舉行會議的法定人數，是全體議員的多少呢？**

   A. 法定人數是全體議員的三分一

   B. 法定人數是全體議員的二分一

   C. 法定人數是全體議員的三分二

2. **香港特別行政區可與全中國其他地區的甚麼機構通過協商，依法進行司法方面的聯繫和互相提供協助？**

   A. 司法機構和當地政府

   B. 司法機構

   C. 立法機構和司法機構

3. **根據《基本法》的規定，除了體現「一國兩制」、「港人治港」、「五十年不變」之外，究竟還有甚麼？**

   A. 「馬照跑，舞照跳」

   B. 「實行高度自治」

   C. 「股照炒，牌照打」

4. 香港特別行政區政府「駐北京辦事處」，究竟是隸屬哪個政策局？

A. 律政司司長辦公室

B. 中央政策組

C. 政制及內地事務局

5. 「一國兩制」的構思主要是從甚麼年代末開始，並且逐步形成和發展的呢？

A. 是從70年代末

B. 是從80年代末

C. 是從90年代末

6. 其他國家如果想在香港特別行政區政府裡設立領事館，需由哪個部門批准？

A. 中國外交部

B. 特別行政區行政長官辦公室

C. 律政司司長辦公室

CHAPTER ONE
CRE
簡介

CHAPTER TWO
模擬試題

CHAPTER THREE
基本法概覽

CHAPTER FOUR
基本法全文

CHAPTER FIVE
常見問題

7. 香港特別行政區「最高的上訴法院」是哪個法院？

A. 裁判法院

B. 終審法院

C. 高等法院

8. 香港特別行政區的主要官員是指各司司長、副司長、各局局長、廉政專員、審計署署長和警務處處長外，還包括哪兩個官員呢？

A. 民政事務總署署長及社會福利署署長

B. 教育署署長及庫務署署長

C. 入境處處長及海關關長

9. 香港特別行政區的高度自治權，受甚麼法律保障？

A.《普通法》

B.《國際法》

C.《基本法》

10. 香港特別行政區政府之公務員,是會否被調派到中國內地擔任內地公務員呢?

A. 是會被調派到中國內地擔任內地的公務員

B. 不會被調派到中國內地擔任內地的公務員

C. 會視乎是否有此需要,並且會由香港特別行政區的「行政長官」所任命而定

11. 香港特別行政區政府,是否可以向中國內地招募並不是香港特區永久性居民,作為本港之公務員?

A. 可以

B. 不可以

C. 會視乎香港特區政府的實際情況而訂定

12. 香港特別行政區政府作為享有高度自治權的地方政府，其權力是源自哪兩個機關？

A. 全國人大和中央政府

B. 全國政協和香港特區政府

C. 全國人大和全國政協

13. 根據《基本法》的規定，香港特別行政區究竟是否擁有獨立的「司法權」？

A. 是擁有獨立的「司法權」

B. 否

C. 會視乎香港特別行政區政府的實際情況而訂定

14. 根據《基本法》的規定，香港特別行政區是否擁有獨立的「立法權」？

A. 是

B. 否

C. 視乎香港特別行政區政府的實際情況而訂定

15. 根據《基本法》的規定，香港特別行政區政府是否需要負責管理國家的外交事務？

A. 是需要負責管理國家「外交事務」

B. 否

C. 會視乎香港特別行政區政府的實際情況而訂定

測試（07）答案

(1) B	(2) B	(3) B	(4) C	(5) A
(6) A	(7) B	(8) C	(9) C	(10) B
(11) B	(12) A	(13) A	(14) A	(15) B

模擬測試（08）
（限時二十分鐘）

CHAPTER ONE
CRE 簡介

CHAPTER TWO
模擬試題

CHAPTER THREE
基本法概覽

CHAPTER FOUR
基本法全文

CHAPTER FIVE
常見問題

1. **全國人民代表大會常務委員會授權香港特別行政區法院在審理案件時，對於《基本法》關於香港特別行政區哪些條款需要自行解釋？**

   A. 自治範圍內

   B. 全部《基本法》

   C. 有關外交及國防

2. **香港特別行政區的「終審法院」在審理案件時，如需對甚麼事務作出處理，應由香港特別行政區的「終審法院」提請全國人民代表大會常務委員會對有關條款作出解釋？**

   A. 關於中央人民政府管理的的事務及關於香港特區管理的事務

   B. 關於中央人民政府管理的事務或中央與特區關係的條款進行解釋

   C. 關於香港特區管理的事務或關於中央與特區關係的條款進行解釋

3. 全國人民代表大會常務委員會在對《基本法》進行解釋前，徵詢其所屬的香港特別行政區內哪一個機構的意見？

A. 《基本法》委員會

B. 香港特別行政區「終審法院」

C. 立法局議員

4. 香港特別行政區《基本法》委員會，是全國人大常委會屬下的常設工作委員會，成員人數有多少人？以及有哪些人士？

A. 10 人，中國內地和香港人士各 5 名

B. 12 人，中國內地和香港人士各 6 名

C. 20 人，中國內地和香港人士各10 名

5. 根據《基本法》的規定，現時的香港特別行政區的「行政長官」究竟是怎樣產生的？

A. 由一個具有廣泛代表性的選舉委員會根據基本法選出，由中央人民政府任命

B. 由全體香港特別行政區的居民普選所產生

C. 由中央人民政府普選出

6. 根據《基本法》的規定，香港特別行政區的「行政長官」選舉委員會共有多少名成員？

   A. 1200人

   B. 700人

   C. 600人

7. 根據《基本法》的規定，香港特別行政區的「行政長官」選舉委員會每屆任期多少年？

   A. 5 年

   B. 4 年

   C. 3 年

8. 選舉委員會是由各界別法定團體根據選舉辦法自行選出委員會委員，並且會以甚麼身分投票？

   A. 委員以個人身分投票

   B. 委員代表其團體投票

   C. 委員代表其政黨投票

9. 選舉委員會可提名「行政長官」候選人，但要不少於多少名選舉委員聯合提名呢？

   A. 150 名

   B. 200 名

   C. 300 名

10. 選舉委員會委員聯合提名「行政長官」候選人，每名委員只可提名幾多個候選人？

    A. 1 個

    B. 2 個

    C. 8 個

11. 選舉委員會須以甚麼方式，從所有獲得提名的「行政長官」候選人中，選出一位「行政長官」候任人？

    A. 不記名的一人一票

    B. 有記名的一人一票

    C. 按燈號而進行投票

12. 香港特別行政區的「立法會議員」，自2012年起每一屆共有多少人？

A. 50 人

B. 60 人

C. 70 人

13. 經選舉委員會產生的議員，在立法會的比例逐屆減少，而到第幾屆時則完全沒有?

A. 第 3 屆

B. 第 2 屆

C. 第 1 屆

14. 在立法會，政府提出的法案，究竟如果獲得怎樣的過半數票，即為通過？

A. 立法會全體議員

B. 出席立法會會議的全體議員

C. 出席立法會會議的全體人數

CHAPTER ONE
CRE 簡介

CHAPTER TWO
模擬試題

CHAPTER THREE
基本法概覽

CHAPTER FOUR
基本法全文

CHAPTER FIVE
常見問題

15. 全國性法律規定，是由哪一個國家權力機構制定的法律法規？

A. 全國人大及其常委會或全國其他中央機關

B. 全國人大及其常委會或地方政府

C. 全國其他中央機關或地方政府

測試（08）答案

(1) A	(2) B	(3) A	(4) B	(5) A
(6) A	(7) A	(8) A	(9) A	(10) A
(11) A	(12) C	(13) A	(14) A	(15) B

模擬測試（09）

（限時二十分鐘）

CHAPTER ONE
CRE簡介

CHAPTER TWO
模擬試題

CHAPTER THREE
基本法概覽

CHAPTER FOUR
基本法全文

CHAPTER FIVE
常見問題

1. **在香港特別行政區實施的全國性法律，究竟只限於有關哪幾項？**

   A. 國防、外交和文化活動

   B. 國防、外交和不屬於特區自治範圍內的法律

   C. 國防、外交和刑法

2. **全國性法律，自甚麼時候起，由香港特別行政區在當地公佈或立法實施？**

   A. 1997 年 7 月 1 日

   B. 1997 年 6 月 6 日

   C. 香港特別行政區終審法院公布

3. **究竟如何在香港特別行政區內實施全國性之法律？**

   A. 須由人大公布，香港特別行政區「行政長官」公布予以實施

   B. 由香港特別行政區在當地公布或立法實施

   C. 立法會制定相應法律，並由人大公布

4. 在下列哪種情況下，中央人民政府可發布命令將有關全國性法律在香港實施？

A. 國務院宣布戰爭狀態又或者因為香港特別行政區發生特區政府不能控制的危機以及國家統一或安全的動亂而決定

B. 人大常委宣布戰爭狀態或者因為香港特別行政區發生特區政府不能控制的危機以及國家統一或安全的動亂而決定特區進入緊急狀態時

C. 在2036年之後，中央人民政府就可以發布命令將有關全國性法律在香港實施

5. 香港特別行政區的「終審法院」判決，對於案件與訴訟各方是怎樣的判決？

A. 初審判決

B. 最終判決

C. 最終判決由人大常委決定

CHAPTER ONE
CRE簡介

CHAPTER TWO
模擬試題

CHAPTER THREE
基本法概覽

CHAPTER FOUR
基本法全文

CHAPTER FIVE
常見問題

6. **全國人大常委會對《基本法》作出解釋後，會對香港特別行政區法院的判決有甚麼影響？**

   A. 香港特別行政區的法院引用該條款應以人大常委會的解釋為準

   B. 在解釋以前作出的判決不受影響

   C. 香港特別行政區法院引用該條款應以人大常委會的解釋為準；但解釋以前作出的判決不受影響

7. **全國人大常委會對《基本法》的解釋有甚麼特點？**

   A. 解釋無追溯力、不影響香港特別行政區的司法獨立

   B. 不影響香港特別行政區的司法獨立、有最終解釋權

   C. 有最終解釋權、解釋無追溯力

8. **根據《基本法》的規定，香港特別行政區可享有哪些獨立權力？**

   A. 司法權、終審權

   B. 終審權、行政權

   C. 行政權

9. 香港特別行政區的哪位官員，才是香港特別行政區的首長？

A. 行政長官

B. 政務司司長

C. 立法會主席

10. 香港特別行政區「行政長官」在就任時，應説向香港特別行政區哪一位人士申報財產，並會被記錄在案？

A. 廉政公署署長

B. 財政司司長

C. 終審法院首席法官

11. 香港特別行政區「行政長官」在簽署立法會通過的財政預算案，將財政預算、決算呈交給哪個國家權力機關，並且作何處理？

A. 報呈中央人民政府備案

B. 報呈中央人民政府批准

C. 報呈中央人民政府表決

12. 香港特別行政區「行政長官」在按照《基本法》第50條解散立法會前，必須徵詢哪一個權力機關的意見？

A. 全國人民代表大會常務委員會

B. 中央人民政府

C. 行政會議

13. 香港特別行政區「行政長官」在其一任之任期內，究竟只能夠解散立法會多少次？

A. 只可解散 1 次

B. 只可解散 2 次

C. 只可解散 3 次

14. 香港特別行政區「行政長官」，因為立法會拒絕通過財政預算案又或者其他重要法案而解散立法會，而重選的立法會又繼續拒絕通過爭議的原案之情況下，香港特別行政區「行政長官」應有甚麼對策？

A. 「行政長官」必須辭職

B. 「行政長官」可再一次解散立法會

C. 交由行政會議審批

15. 香港特別行政區「行政長官」如果於短期內不能履行職務時，依次會由政府哪些官員臨時代理其職務？

A. 政務司司長、律政司司長、財政司司長

B. 政務司司長、財政司司長、律政司司長

C. 律政司司長、政務司司長、財政司司長

測試（09）答案

（1）A	（2）A	（3）A	（4）B	（5）B
（6）C	（7）C	（8）A	（9）A	（10）C
（11）A	（12）C	（13）A	（14）A	（15）B

CHAPTER ONE
CRE
簡介

CHAPTER TWO
模擬試題

CHAPTER THREE
基本法概覽

CHAPTER FOUR
基本法全文

CHAPTER FIVE
常見問題

模擬測試（10）
（限時二十分鐘）

1. **根據《基本法》的規定，香港特別行政區「行政會議」的成員究竟是怎樣產生？**

   A. 是由選舉產生

   B. 是由香港特別行政區「行政長官」所委任

   C. 是由中共中央所委任

2. **香港特別行政區「行政長官」如不採納行政會議多數成員的意見，而且經過協商仍然不能取得一致意見，香港特別行政區「行政長官」可怎樣處理？**

   A. 應該將具體理由記錄在案

   B. 可以解散「行政會議」

   C. 可以毋須理會

3. **假如說：「非中國籍的香港永久性居民和外國有居留權的香港永久性居民不可以當選香港立法會議員。」這項敘述對不對?**

   A. 不對

   B. 對

   C. 會視乎情況作進一步處理

4.　香港特別行政區「立法會」，如果經行政長官依照《基本法》的規定解散，其必須於多少個月內依照《基本法》第68條的規定，自行選舉產生？

　　A. 於 1 個月

　　B. 於 2 個月

　　C. 於 3 個月

5.　根據《基本法》的規定，香港特別行政區「立法會」主席究竟是怎樣產生的？

　　A. 是由行政長官委任

　　B. 是由行政長官推薦

　　C. 是由立法會議員互選產生

6.　香港特別行政區「立法會」議員在出席會議時，和趕赴立法會途中會有甚麼特殊的待遇？

　　A. 不受逮捕

　　B. 不受批評

　　C. 不可騷擾

7. 根據《基本法》的規定，香港特別行政區「立法會」議員如有破產又或者經過法庭裁定償還債務而不履行，是會由哪一位官員宣告其喪失立法會議員的資格？

A. 香港特別行政區「行政長官」

B. 立法會主席

C. 終審庭首席法官

8. 香港特別行政區法院在審判案件時，可以參考其他甚麼法律適用地區的司法而判例？

A. 可以參考普通法

B. 可以參考海洋法

C. 可以參考普通法或成文法

9. 根據《基本法》規定，原本在香港實行的陪審制度的原則，《基本法》有甚麼規定？

A. 將會跟從中國的陪審制度

B. 將會廢除香港實行的陪審團制度

C. 陪審制度的原則會予以保留

CHAPTER ONE
CRE 簡介

CHAPTER TWO
模擬試題

CHAPTER THREE
基本法概覽

CHAPTER FOUR
基本法全文

CHAPTER FIVE
常見問題

10. 香港特別行政區法院的法官,根據獨立委員會推薦,是由哪一位香港特區官員所任命?

A. 由行政長官所任命

B. 由律政司司長所任命

C. 由終審庭首席大法官所任命

11. 香港特別行政區的法官和其他司法人員,可以從其他甚麼法律適用地區所聘用?

A. 普通法適用地區所聘用

B. 海洋法及大陸法適用地區所聘用

C. 普通法或成文法適用地區所聘用

12. 香港特別行政區成立之前,在港英政府各部門任職的甚麼人,其服務條件不會低於原來的標準?

A. 局長級的官員

B. 政務官級的員

C. 公務人員

13. 滿清政府於哪場戰爭中被英國打敗，被迫簽訂《不平等條約》，而且永遠割讓香港島？

A. 第一次鴉片戰爭

B. 第二次鴉片戰爭

C. 甲午戰爭

14. 香港回歸中國，中國政府對香港「恢復行使主權」，因此1997年7月1日是中、英政府雙方甚麼性質的認可？

A. 中、英政府的主權交接

B. 中、英政府的政權交接

C. 英政府對「聯合聲明」的確認的期限

15. 中英政府在哪年互換中英聯合聲明批准書？

A. 在1983 年

B. 在1985 年

C. 在1987 年

測試（10）答案				
(1) B	(2) A	(3) A	(4) C	(5) C
(6) A	(7) B	(8) A	(9) C	(10) A
(11) A	(12) C	(13) A	(14) B	(15) B

CHAPTER ONE
C.R.E.簡介

CHAPTER TWO
模擬試題

CHAPTER THREE
基本法概覽

CHAPTER FOUR
基本法全文

CHAPTER FIVE
常見問題

模擬測試（11）
（限時二十分鐘）

1. 「中英聯合聲明」有多少個主體文件？

A. 主體文件共三個：

《中華人民共和國政府和大不列顛及北愛爾蘭聯合王國政府關於香港問題的聯合聲明》、《中華人民共和國對香港的基本方針政策的具體說明》、《關於中英聯合聯絡小組》和《關於土地契約》

B. 主體文件共兩個：

《中華人民共和國政府和大不列顛及北愛爾蘭聯合王國政府關於香港問題的聯合聲明》和《中華人民共和國對香港的基本方針政策的具體說明》

C. 主體文件只有一個：

《中華人民共和國政府和大不列顛及北愛爾蘭聯合王國政府關於香港問題的聯合聲明》

2. 根據《基本法》的規定，中華人民共和國政府對香港特別行政區的「基本方針政策」是甚麼？

A. 香港特別行政區政府直轄於中央人民政府

B. 香港特別行政區政府直轄於國務院

C. 香港特別行政區政府直轄於國家領導人

CHAPTER ONE

CRP 簡介

CHAPTER TWO

模擬試題

CHAPTER THREE

基本法概覽

CHAPTER FOUR

基本法全文

CHAPTER FIVE

常見問題

3. 中華人民共和國政府於哪年正式通過把「一國兩制」作為一項基本國策？

   A. 1982年

   B. 1983年

   C. 1984年

4. 《基本法》起草委員會的成員是怎樣組成？

   A. 由香港委員23人組成

   B. 由國內委員組成

   C. 由國內和香港知名人士和專家組成

5. 1985年7月1日《基本法》起草委員會正式成立，歷時用了多少年完成草擬《基本法》？

   A. 3年零8個月

   B. 4年零8個月

   C. 8年零8個月

6. **自從1997年後，香港原有的資本主義制度和生活方式50年不變，究竟是因為下列哪個原因？**

   A. 為配合香港房地產的產權，不用補地價而只繳納地租

   B. 從中國國內的實際國情出發，中國要接近發達國家的水平是需要五十年的時間

   C. 是依照中國成立50年的經驗而訂定

7. **1997年後，香港過往的法律基本不變，國內的法律不適用於香港特別行政區，但下列哪一種情況則是例外？**

   A. 某一些全國性的法律，還是會適用的

   B. 除了有全國性法律，其他部分法律，如民法、刑法等，如沒有和香港特別行政區相衝突的，也可適用

   C. 列於《基本法》附件三的全國性法律者除外。

8. **香港特別行政區的「永久性居民」和「非永久性居民」的分別在哪裡？**

   A. 分別在於擁有過境權

   B. 分別在於擁有越境權

   C. 分別在於擁有居留權

9. **自從1997年香港回歸後，香港特別行政區是如何與外國保持和發展關係？**

    A. 從1997年香港回歸後，香港是不能夠再與外國組織聯繫

    B. 在一定的條件下，以「中國香港」的名義與外國聯繫

    C. 只能夠單獨與有外交關係的國家組織保持發展關係

10. **香港特別行政區政府的「外交事務」指甚麼?**

    A. 以國家名義訪問、談判、交涉等

    B. 以特區名義參加奧運會

    C. 以特區名義參加亞運會

11. **根據《基本法》的規定，哪些人可以享有選舉和被選舉的權利？**

    A. 年滿 18 歲的中外籍人士

    B. 居住香港並且已經滿7年，而且已經年滿18歲

    C. 香港永久性居民

12. 香港特別行政區的全國人民代表大會代表的職權是甚麼？

A. 參加最高國家權力機關的工作

B. 向全國人民代表大會匯報香港工作

C. 協助人大管治香港特別行政區

13. 究竟下列哪一個公約，可通過香港特別行政區的法律予以實施？

A. 國際人權公約

B. 公民權利和政治權利國際公約

C. 世界氣象組織公約

14. 香港特別行政區的居民是否需要經過甚麼許可或批准，才可移居其他國家？

A. 必需經過入境處及有關國家批准

B. 必需經過外交部及有關國家批准

C. 無須經特別許可又或者批准，只要要有關國家批准

15. 凡持有BNO證件的香港中華人民共和國公民，在中國其他地區會有甚麼保障？

A. 只能夠接受英國領事保護

B. 可享受中國及英國的領事同時保護

C. 不享受英國的領事保護

測試（11）答案

(1) C	(2) A	(3) C	(4) C	(5) B
(6) B	(7) C	(8) C	(9) B	(10) A
(11) C	(12) A	(13) B	(14) C	(15) C

模擬測試（12）

（限時二十分鐘）

1. **根據《基本法》的規定，在必要時，香港特別行政區可以向外聘請外籍合格人員擔任政府部門的專門和技術職務，他們只能以個人身份受聘，應該對甚麼部門負責？**

   A. 對所屬部門負責

   B. 對香港特別行政區政府負責

   C. 對公務員事務局及政制事務局負責

2. **香港特別行政區行政長官、主要官員、行政會議成員以及立法會議員、各級法院和其他司級官人員就職時，必須依法承諾些甚麼？**

   A. 必須簽署有效受聘書

   B. 必須擁護中華人民共和國香港特別行政區基本法

   C. 必須效忠香港特區政府及市民

3. **香港特別行政區可依法徵用私人和法人財產，徵用財產的補償具體方案是甚麼？**

   A. 應該相當於該財產的實際價值，並且可以自由兌換

   B. 必須按照當時的價值，折舊後的實際標準價值兌換

   C. 必須按照當時價值折舊後的價值，並且以政府債券形式支付

4. **香港特別行政區自行制定貨幣金融政策，依法進行管理和監督，保障了些甚麼？**

   A. 保障金融企業在市場上不受政治干涉

   B. 保障金融企業在國際市場競爭地位

   C. 保障金融企業和金融市場的經營自由

5. **香港特別行政區的外匯基金，由香港特別行政區管理和支配，主要調節是甚麼？**

   A. 主要調節美元匯價

   B. 主要調節港元匯價

   C. 主要調節港元與美元的兌換價

6. **國家根據甚麼規定，從而設立香港特別行政區，並且按照「一國兩制」的方針，在香港特別行政區實行「資本主義」制度和政策？**

　　A. 中華人民共和國國法第36條

　　B. 全國人民代表大會立法會章第9章10條

　　C. 中華人民共和國憲法第31條

7. **香港特別行政區在必要時，可以向中央人民政府請求駐港解放軍執行甚麼工作？**

　　A. 防止外來敵人之入侵

　　B. 參與香港社區義務工作發展之活動

　　C. 協助維持社會治安及救助災害

8. **中華人民共和國政府，於1997年7月1日是怎樣對香港行使主權？**

　　A. 收回

　　B. 恢復

　　C. 重新

9. 根據《基本法》的規定，香港特別行政區境內的土地和自然資源是屬於誰人呢？

A. 是屬於國家所擁有

B. 是屬於香港特別行政區政府全權所擁有

C. 是屬於香港特別行政區全體居民所擁有

10. 假如說：「香港特別行政區可享有全國人大常委及中央人民政府授予的權力」這一項敍述究竟是否正確？

A. 不正確，因中央政府所屬部門均不得干預香港根據基本法自行管理的事務

B. 正確，因這是《基本法》規定

C. 不正確，因全國人大常委沒有授權的權力

11. 香港特別行政區法院在審理案件時，有權對《基本法》關於香港特別行政區自治範圍內的條款自行解釋。究竟這是經哪一個國家權力機關的授權？

A. 全國人民代表大會常務委員會

B. 全國人民代表大會

C. 中華人民共和國國務院

12. 香港特別行政區法院，在哪一種情況之下，對《基本法》的其他條款也可解釋？

A. 準備審理案件時

B. 審理案件時

C. 有人提出上訴時

13. 全國人民代表大會常務委員會，香港特別行政區基本法委員會，是全國人民代表大會常務委員會下設的甚麼委員會？

A. 非常務委員會

B. 工作委員會

C. 執行委員會

14. 就有關香港特別行政區《基本法》第17條、第18條、第158條、第159條實施中的問題進行研究，並且向全國人民代表大會常務委員會提供意見的是哪一個香港特別行政區的組織架構？

A. 全國人民代表大會常務委員會香港特別行政區《基本法》委員會

B. 香港特別行政區終審法院

C. 香港特別行政區立法會

15. 全國人民代表大會常務委員會香港特別行政區《基本法》委員會是由哪些人士提名的？

A. 行政長官、立法會和終審法院聯合提名

B. 行政長官、立法會主席和終審法院首席法官分別提名

C. 行政長官、立法會主席和終審法院首席法官聯合提名

測試（12）答案

(1) B	(2) B	(3) A	(4) C	(5) B
(6) C	(7) C	(8) B	(9) A	(10) B
(11) A	(12) B	(13) B	(14) A	(15) C

CHAPTER ONE
CRF 簡介

CHAPTER TWO
模擬試題

CHAPTER THREE
基本法概覽

CHAPTER FOUR
基本法全文

CHAPTER FIVE
常見問題

模擬測試（13）

（限時二十分鐘）

1. **《中華人民共和國香港特別行政區駐軍法》究竟是於何時實施？還有是否需要經過甚麼程序嗎？**

   A. 1997 年 7 月 1 日起，由香港特別行政區公布又或者立法實施

   B. 1997 年 7 月 1 日起，在香港特別行政區實施

   C. 1997 年 7 月 1 日起，在香港特別行政區公布實施

2. **根據《基本法》的規定，下列哪一項之全國性法律是不適用於香港特別行政區？**

   A. 《中央人民政府公布中華人民共和國國徽的命令》

   B. 《中華人民共和國國旗法》

   C. 《中華人民共和國國徽法》

3. **究竟下列哪一個委員會是在《中華人民共和國香港特別行政區基本法》實施時設立的？**

   A. 全國人大常委會香港特區基本法委員會

   B. 香港特別行政區起草委員會

   C. 香港特別行政區諮詢委員會

4. 根據《基本法》的規定，「行政長官」選舉委員會的委員，究竟是來自香港的哪些人士？

A. 工商界人士

B. 政經界人士

C. 各界人士

5. 中央人民政府是怎樣確立香港特別行政區「行政長官」？

A. 委任

B. 提名

C. 任命

6. 香港特別行政區「行政長官」是香港特別行政區的首長，那麼他代表甚麼權力機構？

A. 國務院

B. 中共中央

C. 香港特別行政區

7. 香港特別行政區行政長官依照《基本法》的規定，究竟是對誰負責？

A. 中央人民政府

B. 香港特別行政區

C. 以上兩者皆是

8. 「香港特別行政區是中華人民共和國不可分離的部分」究竟是《基本法》第幾條？

A. 第一條：香港特別行政區是中華人民共和國不可分離的部分。

B. 第二條：全國人民代表大會授權香港特別行政區依照本法的規定實行高度自治，享有行政管理權、立法權、獨立的司法權和終審權。

C. 第三條：香港特別行政區的行政機關和立法機關由香港永久性居民依照本法有關規定組成。

9. 根據《基本法》的規定，下列哪一項是當選為香港特別行政區立法會議員的必要條件？

A. 並無外國居留權

B. 是由中華人民共和國的公民

C. 是由香港特區的永久性居民

10. 根據《基本法》的規定，指明香港特別行政區政府在貨幣金融方面需要負責下列哪項工作？

A. 香港特別行政區政府自行制訂貨幣及金融政策

B. 香港特別行政區政府和中國人民銀行協調制訂貨幣及金融政策

C. 香港特別行政區政府和國際貨幣基金組織聯繫，然後共同制訂貨幣及金融政策

11. 根據《基本法》的規定，列明哪一些人的合法傳統權益會受到香港特別行政區的保護？

A. 新界農民

B. 新界原居民

C. 新界漁民

12. 根據《基本法》的規定，選出香港特別行政區「行政長官」的選舉委員會包括下列哪個界別人士？

A. 勞工、社會服務、宗教等界

B. 專業界

C. 包括以上各界的人士

13. 中央人民政府根據《基本法》的第幾章的規定，從而任命香港特別行政區之「行政長官」？

A. 根據第1章：總則

B. 根據第4章：政治體制

C. 根據第7章：對外事務

14. 根據《基本法》的規定，對於香港特別行政區使用的正式語文有甚麼規定？

A. 除使用中文外，還可使用英文，而英文也是正式語文

B. 可以使用繁體又或者簡體中國文字

C. 中文是官方語文，但有需要時亦可以英文補充

15. 根據《基本法》的規定，香港居民是指甚麼人？

A. 香港特區永久性居民

B. 香港特區永久性居民和非永久性居民

C. 《基本法》中並沒有説明

測試（13）答案				
(1) A	(2) A	(3) A	(4) C	(5) C
(6) C	(7) C	(8) A	(9) C	(10) A
(11) B	(12) C	(13) B	(14) A	(15) B

CHAPTER ONE
CRE 簡介

CHAPTER TWO
模擬試題

CHAPTER THREE
基本法概覽

CHAPTER FOUR
基本法全文

CHAPTER FIVE
常見問題

模擬測試（14）
（限時二十分鐘）

1. **根據《基本法》的規定，多少名選舉委員可聯合提名香港特別行政區「行政長官」候選人？**

   A. 不少於50人

   B. 不少於100人

   C. 不少於150人

2. **究竟《基本法》之中，總共有幾多個附件？**

   A. 總共有 1 個附件

   B. 總共有 2 個附件

   C. 總共有 3 個附件

3. **全國人民代表大會香港區代表，是必須要符合下列哪項條件？**

   A. 香港居民

   B. 中國公民

   C. 以上兩者皆是正確

CHAPTER ONE
CRE
簡介

CHAPTER TWO
模擬試題

CHAPTER THREE
基本法概覽

CHAPTER FOUR
基本法全文

CHAPTER FIVE
常見問題

4. 根據《基本法》的規定，香港特別行政區直轄於哪個權力機構？

A. 廣東省人民政府

B. 中央人民政府

C. 全國人大

5. 根據《基本法》的規定，香港特別行政區終審法院的法官的任命，是需要經過甚麼程序？

A. 香港立法會同意

B. 報全國人大常委會備案

C. 以上兩項程序均需要

6. 根據《基本法》第154條，中央政府授權香港特別行政區政府，可以簽發甚麼證件？

A. 港澳居民來往內地通行證

B. 特區護照

C. 雙程證

7. 在香港特別行政區實行的全國性法律，究竟是列於《基本法》中的哪一個附件？

A. 附件一

B. 附件二

C. 附件三

8. 香港特別行政區立法會產生的具體辦法，是根據《基本法》中的哪一個附件所規定？

A. 附件一

B. 附件二

C. 附件三

9. 根據《基本法》的規定，香港特別行政區立法會，並沒有下列的哪一項權力？

A. 批准稅收

B. 制定法律

C. 批准施政報告

10. 根據《基本法》的規定，下列哪一項國際公約適用於香港的有關規定是繼續有效？

A. 《公民權利和政治權利國際公約》

B. 《經濟、社會與文化權利的國際公約》

C. 上述兩個項目皆正確

11. 香港特別行政區是中華人民共和國的一個享有高度自治權的甚麼級別的行政架構？

A. 省

B. 直轄市

C. 地方行政區域

12. 根據《基本法》的規定，駐港人民解放軍部隊是有何主要職責？

A. 負責香港特別行政區的防務

B. 在有需要時，會協助香港特區調查嚴重罪案

C. 維持香港治安及維議法紀

13. 香港特別行政區政府的主要官員，在其就職時必須依法作出甚麼宣誓？

A. 宣誓擁護中華人民共和國香港特別行政區《基本法》

B. 宣誓效忠中華人民共和國香港特別行政區

C. 以上兩項都須宣誓

14. 根據《基本法》的規定，對於香港特別行政區成立以後的藝術自由空間是有何規定？

A. 不得有違社會道德的規定

B. 不得觸及政治性的敏感題目

C. 藝術自由空間是不受限制

15. 《基本法》中，對香港特別行政區學校向外聘請教職員有何規定？

A. 教職員比例不能過多或過少

B. 祇能聘任中、英文科目之教職員

C. 學校可以自行決定，不受限制

測試（14）答案

(1) C	(2) C	(3) C	(4) B	(5) C
(6) B	(7) C	(8) B	(9) C	(10) C
(11) C	(12) A	(13) C	(14) C	(15) C

模擬測試（15）

（限時二十分鐘）

CHAPTER ONE
CRE 簡介

CHAPTER TWO
模擬試題

CHAPTER THREE
基本法概覽

CHAPTER FOUR
基本法全文

CHAPTER FIVE
常見問題

1. 根據《基本法》的規定，下列哪一項不是香港立法會所行使之職權範圍？

   A. 審批駐港人民解放軍部隊之經費

   B. 批准稅收和公共開支

   C. 接受香港特別行政區市民申訴並且作出處理及跟進

2. 根據《基本法》的規定，下列哪一項的陳述是錯？

   A. 香港特別行政區各級法院的組織和職權由行政長官規定

   B. 原在香港實行的陪審制度的原則予以保留

   C. 香港特別行政區法官以外的其他司法人員原有的任免制度繼續保持

3. 根據《基本法》的規定，下列哪一項陳述是正確的？

   A. 香港特別行政區可以徵用私人財產，但不可徵用法人財產

   B. 香港特別行政區在徵用私人財產時，是不需要作出任何補償

   C. 個人財產繼承權依法受到保護

CHAPTER ONE
CRE 簡介

CHAPTER TWO
模擬試題

CHAPTER THREE
基本法概覽

CHAPTER FOUR
基本法全文

CHAPTER FIVE
常見問題

4. 根據《基本法》的規定，下列哪些是香港特別行政區政府行使的職權之一？

A. 制定並執行政策，管理各項行政事務

B. 擬定並提出法案，議案，附屬法規

C. 以上兩者皆是

5. 根據《基本法》的規定，下列哪一機構應該提供條件和採取措施，從而保持香港國際和區域航空中心的地位？

A. 香港特別行政區政府

B. 中央政府

C. 民航總局

6. 中英兩國政府究竟簽署了哪一份文件，從而確認中國對香港「恢復行使主權」？

A. 關於《香港問題的聯合聲明》

B. 關於香港問題的《基本法草擬文件》

C. 關於《解決香港問題的備忘錄》

7. 中國國籍法在香港特別行政區實施，是有何規定？

A. 承認雙重國籍及在進入特區時申報國籍

B. 在進入特區時不需時申報國籍以及承認過去英國政府實行的「居英權」計劃

C. 雙重國籍並不予承認，在進入特區時申報國籍及絕不承認英國政府的「居英權」計劃

8. 中國內地航空公司的飛機，如在往返香港或途中停香港，必須要按照甚麼法律的有關規定而進行呢？

A. 中國法律

B. 香港法律

C. 基本法

9. 外國國家航空器如果進入香港特別行政區，是必須經過哪一個機構特別許可？

A. 香港特別行政區民航局

B. 中央人民政府

C. 香港特別行政區政府

10. 全國人大常委會，對於香港特區政府立法機關制定的哪些法律發回給特區政府，並立刻失效？

A. 有關居港權的法律

B. 有關設立外匯管制的法律

C. 有關中央管理的事務及中央和香港特別行政區的關係的條款

11. 如果說：「香港特別行政區分別設立廉政公署和審計署，各自獨立工作，都對行政長官負責」，對嗎？

A. 對

B. 不對

C. 只設立廉政公署，沒有設立審計署

12. 如果說：「香港特別行政區可與全國其他地區的司法機關通過協商依法進行司法方面的聯繫和相互提供協助」對嗎？為什麼？

A. 不對，因為有損「一國兩制」之精神

B. 對，基本法已經有作出規定

C. 不對，此情況須要由中共中央政府決定

13. 如果説：「香港特別行政區立法會議員在立法會會議上發言，並不會受到法律追究」，對嗎？

A. 不對

B. 對

C. 會按照立法會議員發言內容而裁定對或不對

14. 香港特別行政區行政長官缺位時，按照《基本法》的規定，應該在何時產生新的「行政長官」呢？

A. 6 個月內

B. 3 個月內

C. 12 個月內

15. 《基本法》中，對於宗教組織在香港特別行政區所辦的學校有甚麼規定？

A. 可繼續提供宗教教育，但不可開設新宗教課程及活動

B. 將會逐步停止各種宗教課程

C. 可提供宗教教育課程

測試（15）答案

（1）A	（2）A	（3）C	（4）C	（5）A
（6）A	（7）C	（8）C	（9）B	（10）C
（11）A	（12）B	（13）B	（14）A	（15）C

模擬測試（16）

（限時二十分鐘）

CHAPTER ONE
CRE 簡介

CHAPTER TWO
模擬試題

CHAPTER THREE
基本法概覽

CHAPTER FOUR
基本法全文

CHAPTER FIVE
常見問題

1. **為什麼全國人民代表大會，對《基本法》會擁有「解釋權」？**

   A. 因全國人大比較其他機構客觀及中立

   B. 因全國人大的法律地位比較高

   C. 因解釋權來源於憲法的規定

2. **根據《基本法》的規定，香港原有的哪些法律會不予以保留？**

   A. 與《基本法》相抵觸的原有法律

   B. 經過香港特別行政區立法機構作出修改的法律

   C. 以上兩者皆是

3. **香港特別行政區是由哪一個部門規管刑事檢察工作，而並不受任何干涉？**

   A. 律政司

   B. 警務處

   C. 終審法院

4. 香港特別行政區目前對宗教組織接受各界人士或機構資助有何規定？

A. 可以接受資助

B. 可自由上街募捐

C. 限制接受資助數目

5. 根據《基本法》的規定，香港特別行政區立法會主席行使的職權為何？

A. 在休會期間可召開特別會議

B. 議員提出議案優先列入議程

C. 決定開會日期

6. 香港特別行政區立法會，如果拒絕批准政府所提出的財政預算案，香港特別行政區行政長官可否向立法會申請臨時撥款？

A. 可以

B. 不可以

C. 《基本法》並沒有作出有關之規定

7. 根據《基本法》的規定，香港特別行政區在「教育學術自由」方面會有哪些規定？

A. 只有大專院校以上才可保留其自主性

B. 各類型院校均可保留其自主性

C. 只有私人院校才可享有學術自由

8. 哪一個組織是協助香港特別行政區「行政長官」作出決策的？

A. 香港特別行政區立法會

B. 香港特別行政區行政會議

C. 香港特別行政區終審法院

9. 根據《基本法》的規定，香港特別行政區的法定流通貨幣是甚麼？

A. 港幣　B. 港幣和人民幣　　C. 港幣和美元

10. 根據《基本法》的規定，香港特別行政區政府怎樣處理自身的財政收入？

A. 不可用於自身需要，全部上繳中央政府

B. 部分用於自身需要，部分上繳中央政府

C. 全部用於自身需要，不用上繳中央政府

11. 香港特別行政區政府「徵稅」和「公共開支」必須經哪個機構批准？

A. 行政會議

B. 國務院

C. 立法會

12. 根據《基本法》的規定，香港特別行政區政府機關制定哪些法律時，不得與《基本法》相抵觸？

A. 普通法及國籍法

B. 習慣法及任何附例

C. 任何法律

13. 根據《基本法》的規定，香港特別行政區是一個自由港，可自由進出甚麼？

A. 飛機及船舶

B. 資金

C. 生產物資

14. 香港特別行政區是一個怎樣的城市？

A. 經濟城市

B. 政治城市

C. 社會主義城市

15. 根據《基本法》的規定，香港特別行政區「行政長官」行使的職權是甚麼？

A. 簽署立法會通過的法案，公布法律

B. 決定政府政策和發佈行政命令，並且依法任免公職人員

C. 以上兩者皆是

測試（16）答案

(1) C	(2) C	(3) A	(4) A	(5) A
(6) A	(7) B	(8) B	(9) A	(10) C
(11) C	(12) C	(13) B	(14) A	(15) C

模擬測試（17）

（限時二十分鐘）

1. **根據《基本法》的規定，涉及香港特別行政區，同其他國家和地區往返，並經停中國其他地區航班的民用航空運輸協定，須經甚麼權力機構簽訂方為有效？**

   A. 須經中央人民政府簽訂

   B. 須經由中央與香港特別行政區磋商作出安排，由香港特別行政區簽訂

   C. 須經由中央授權香港特別行政區簽訂

2. **根據《基本法》的規定，國家對於香港特別行政區行使主權，主要體現在哪種行為上？**

   A. 任命香港特別行政區行政長官

   B. 派駐人民解放軍駐守香港

   C. 批准制定香港特別行政區的區旗

3. **香港特別行政區政府，在「港幣發行」須有甚麼基礎？**

   A. 100%保證金

   B. 100%準備金

   C. 50%保證金和50%準備金

4. 現時香港特別行政區的「港幣匯率」，是與何種貨幣掛鈎？

A. 與人民幣掛鈎

B. 與美元掛鈎

C. 與歐元掛鈎

5. 香港特別行政區制定的法律，如經全國人民代表大會常務委員會發回，還會有甚麼法律效力？

A. 該等法律立即失效但依然有溯及力

B. 該等法律立即失效，除香港特別行政區的法律另有規定外，無溯及力

C. 該等法律並沒有失效

6. 《基本法》的法源是什麼？

A. 中英聯合聲明

B. 中華人民共和國憲法

C. 香港原有法律

CHAPTER ONE
CRE 簡介

CHAPTER TWO
模擬試題

CHAPTER THREE
基本法概覽

CHAPTER FOUR
基本法全文

CHAPTER FIVE
常見問題

7. **香港特別行政區「行政長官」可行使下列哪項職權？**

   A. 「行政長官」可以赦免或減輕刑事罪犯的刑罰

   B. 「行政長官」如依照法定程序，可以任免各級法院法官

   C. 以上兩者皆可

8. **下列哪一項法例，並不是香港原有的法律？**

   A. 普遍法　B. 習慣法　C. 平衡法

9. **究竟國歌《義勇軍進行曲》是於何年創作？**

   A. 1935 年　B. 1937 年　C. 1938 年

10. **根據國家憲法的規定，每年的哪一個月及哪一日，是中華人民共和國的國慶日？**

    A. 1 月 1 日

    B. 7 月 1 日

    C. 10 月 1 日

11. 中華人民共和國國徽中的建築物圖案是指甚麼？

A. 長城圖案

B. 天安門城樓圖案

C. 天下第一樓圖案

12. 根據《基本法》的規定，對於香港特別行政區市民在自由的規定是甚麼？

A. 香港特別行政區市民擁有可以用區旗區徽作商標的自由

B. 香港特別行政區市民的人身自由不會受到侵犯

C. 香港特別行政區市民擁有破壞公安及政府機構的自由

13. 根據《基本法》的規定，對於香港特別行政區市民在示威遊行的規定是甚麼？

A. 香港特別行政區市民擁有示威遊行的自由

B. 香港特別行政區市民可以全日24小時進行阻街示威及抗議

C. 香港特別行政區市民進行遊行示威是無須申請

14. 根據《基本法》的規定，對於香港特別行政區市民在法律方面享有的權利是甚麼？

A. 如果太平紳士犯上刑事罪行是可以避免刑事起訴

B. 如果名流紳士犯上刑事罪行是可以不受香港法例限制

C. 任何人在香港的法律面前，均人人平等

15. 根據《基本法》的規定，對於香港特別行政區市民享有罷工的規定是甚麼？

A. 香港特別行政區市民擁有罷工的權利

B. 香港特別行政區市民可以罷工及破壞工廠設施

C. 香港特別行政區市民可以強迫工友參加罷工活動

測試（17）答案

(1) A	(2) B	(3) B	(4) B	(5) B
(6) B	(7) C	(8) C	(9) A	(10) C
(11) B	(12) B	(13) A	(14) C	(15) A

模擬測試（18）
（限時二十分鐘）

1. **根據《基本法》的規定，對於香港特別行政區市民選擇職業的規定是甚麼?**

   A. 選擇職業有年齡、性別等限制

   B. 有權選擇職業的自由

   C. 規定由判頭招聘勞工

2. **根據《基本法》的規定，對於香港特別行政區市民之生育權利的規定是甚麼？**

   A. 香港特別行政區市民，規定只能生一男一女

   B. 香港特別行政區市民，自願生育的權利會受法律保護

   C. 香港特別行政區市民，為了傳宗接代及生男育女，是可以多娶妻妾

3. **根據《基本法》的規定，對於香港特別行政區市民的婚姻自由之規定是甚麼？**

   A. 香港特別行政區市民可以享有一夫多妻制度之權利

   B. 香港特別行政區市民可以享有一女侍二夫之權利

   C. 香港特別行政區會實行婚姻自由之制度

4. 根據《基本法》的規定，對於香港特別行政區的市民享有通訊自由的規定是甚麼？

A. 信封裡可以寄藏少量違法物品

B. 所有通訊自由會受到法律保障

C. 所有通訊系統均隸屬於香港特別行政區政府所有

5. 根據《基本法》的規定，對於香港特別行政區的「司法權」的規定是甚麼？

A. 行使司法權須經中央批准

B. 由行政長官行使司法權

C. 香港特別行政區擁有獨立司法權

6. 根據《基本法》的規定，哪一些條文內容體現國家主權？

A. 國防、外交由中央負責

B. 香港特區行政長官於當選後，須由中央加冕

C. 香港特區政府主要官員，須由中央任免

7. **根據《基本法》的規定，香港特別行政區的「終審權」是由誰人所掌握？**

   A. 前英國樞密院

   B. 中華人民共和國最高人民法院

   C. 香港特別行政區的終審法院

8. **根據《基本法》的規定，非中華人民共和國籍和有外國居留權的議員，其所佔的比例不得超過立法會全體議員的百分率應該是多少?**

   A. 百分之50

   B. 百分之20

   C. 百分之30

9. **根據《基本法》的規定，對於制定香港特別行政區「金融制度」的規定是甚麼?**

   A. 由中共中央決定金融制度的計劃

   B. 與英聯邦國家共同金融制度的商訂

   C. 香港特別行政區可以自行制定貨幣政策

10.根據《基本法》的規定，對香港特別行政區稅收制度的規定是怎樣?

A. 百分之19稅收須上繳中央政府

B. 由中央政府制定稅收政策

C. 香港特別行政區實行獨立的稅收政策

11.根據《基本法》的規定，香港特別行政區的民間團體和內地相關團體是甚麼關係？

A. 香港特別行政區的民間團體是隸屬內地團體的分會

B. 須受內地團體/組織所監督

C. 互不隸屬

12.根據《基本法》的規定，香港特別行政區境內的土地和自然資源是屬誰所有？

A. 香港特別行政區政府全權擁有

B. 土地審裁處及地政署所擁有

C. 國家所有

13. 香港特別行政區《基本法》的解釋權是由誰人所擁有？

A. 香港終審法院

B. 全國人民代表大會常務委員會

C. 香港特區立法會委員會

14. 根據《基本法》的規定，下列哪一類別人士才是「香港永久性居民」？

A. 持單程證來港居住的人士

B. 合法入境，並且連續居住在香港七年的人士

C. 持雙程證來香港居住的人士

15. 根據《基本法》的規定，中央對香港特別行政區政府徵稅的規定是甚麼？

A. 中央政府不會向香港特區徵收稅款

B. 香港特別行政區政府每年必需要上繳百分之20之稅收

C. 香港特別行政區政府只需要負擔駐港人民解放軍部隊之開支從而代替上繳稅款

測試（18）答案

(1) B	(2) B	(3) C	(4) B	(5) C
(6) A	(7) C	(8) B	(9) C	(10) C
(11) C	(12) C	(13) B	(14) B	(15) A

模擬測試（19）
（限時二十分鐘）

1. 《基本法》起草委員會第一次全體會議是何時舉行？

   A. 1985 年 7 月 1 日

   B. 1986 年 10 月 1 日

   C. 1988 年 1 月 1 日

2. 三條不平等條約中的《北京條約》，究竟是於何年簽訂？

   A. 1842 年

   B. 1860 年

   C. 1898 年

3. 根據《基本法》的規定，對於新界原居民的傳統權益的規定是甚麼？

   A. 廢除新界原居民重男輕女的傳統權益

   B. 由原居民的宗族中的族長處理

   C. 合法傳統權益受到保障

4. 根據《基本法》的規定，在甚麼情況下，香港特區「行政長官」必須要辭職？

A. 中央政府覺得「行政長官」之領導能力不足

B. 「行政長官」患上嚴重疾病而無力履行職務

C. 百分之六十之市民向立法會提出彈劾「行政長官」

5. 根據《基本法》的規定，香港特別行政區境內的土地和自然資源是屬誰擁有？

A. 中華人民共和國

B. 香港特別行政區政府及香港人所擁有

C. 中華人民共和國和香港特別行政區所擁有

6. 下列哪一項權利和自由，並不是《基本法》中規定了香港特別行政區市民所能享有的？

A. 在法律面前一律平等

B. 人身自由不受侵犯

C. 和平發展的權利

CHAPTER ONE
CRE 簡介

CHAPTER TWO
模擬試題

CHAPTER THREE
基本法概覽

CHAPTER FOUR
基本法全文

CHAPTER FIVE
常見問題

7. 根據《基本法》第14條的規定，駐港人民解放軍的費用是由誰負擔？

A. 由香港特別行政區政府全資負擔

B. 由中央人民政府負擔

C. 由中央人民政府及香港特別行政區各出一半費用分擔

8. 根據《基本法》第27條的規定，下列哪一項自由，並不是香港特別行政區市民所能享有的？

A. 言論及出版自由

B. 集會及遊行自由

C. 干預通訊自由

9. 香港特別行政區在經濟、貿易、金融、航運、通訊、旅遊、文化、體育等領域裡，究竟可以利用甚麼名義，單獨地同世界各國、各地區及有關國際組織保持和發展關係，簽訂和履行有關協議？

A. 中國香港

B. 香港

C. 香港特別行政區

10. 根據《基本法》的規定，香港特別行政區的立法會，究竟每一屆之任期是多少年？

   A. 3 年

   B. 4 年

   C. 5 年

11. 下列哪一條不是根據《基本法》第18條及附件三所指，而需要在香港特別行政區實施的全國性法律？

   A. 中華人民共和國國籍法

   B. 中華人民共和國國旗法

   C. 中華人民共和國立法法

12. 下列哪一項，並不是香港特別行政區原有的法律？

   A. 普通法

   B. 大陸經濟法

   C. 附屬立法條例

13. **根據《基本法》的規定，對於「中央政府」與「香港特區」相關部門隸屬關係的規定是甚麼？**

A. 是上司與下屬的關係

B. 是互不隸屬的關係

C. 是遠親和近鄰的關係

14. **根據《基本法》的規定，下問哪一項並不是香港特別行政區「行政長官」可以行使的職權範圍呢？**

A. 簽署立法會所通過的法案，及公布法律

B. 統領駐港人民解放軍部隊

C. 按照法定之程序，任免香港特別行政區之公職人員

15. **立法會舉行會議時的法定人數是多少？**

A. 是為不少於全體議員的1/3

B. 是為不少於全體議員的1/4

C. 是為不少於全體議員的1/2

測試（19）答案

(1) A	(2) B	(3) C	(4) B	(5) A
(6) C	(7) B	(8) C	(9) A	(10) B
(11) C	(12) B	(13) B	(14) B	(15) C

模擬測試（20）
（限時二十分鐘）

CHAPTER ONE
CRE 簡介

CHAPTER TWO
模擬試題

CHAPTER THREE
基本法概覽

CHAPTER FOUR
基本法全文

CHAPTER FIVE
常見問題

1. **以下哪一個界別，並不是「行政長官選舉委員會」的委員？**

   A. 宗教等界別

   B. 區域性組織代表界別

   C. 全國人民代表大會常務委員會界別

2. **根據《基本法》的規定，對於香港特別行政區的「貨幣匯兌」規定是以下哪一項？**

   A. 所以巨額匯款必須申報中港兩地之海關部門

   B. 所有外匯買賣和進出不會受到限制

   C. 限制攜帶巨款出入境

3. **根據《基本法》的規定，當香港特區行政長官於短期內，如果不能履行職務時，究竟誰人是第一位可以臨時代理其行政長官職務的特區政府官員？**

   A. 保安局局長

   B. 財政司長或律政司司長

   C. 政務司長

4. 根據《基本法》的規定，回歸後香港特別行政區的教育團體，與中國國內相關的部門是有何從屬的關係？

A. 雙方均隸屬於中共中央教育部

B. 雙方均隸屬於全國之總工會

C. 雙方均是互不隸屬的關係

5. 根據《基本法》的規定，對於香港新界原居民的傳統權益的規定是甚麼？

A. 廢除重男輕女部分

B. 由新界原居民的宗族中的族長處理

C. 新界原居民的合法傳統權益受到保障

6. 自從「第一次鴉片戰爭」之後，英國割據香港至1997年回歸，英國前前後後究竟統治了香港多少年？

A. 155 年

B. 150 年

C. 100 年

7. **根據《基本法》的規定，立法會通過的法案，必須經過誰簽署、公布，方能生效？**

A. 律政司長

B. 行政長官

C. 立法會主席

8. **根據《基本法》的規定，賦予香港特別行政區高度自治的權力的具體表現在於哪些方面？**

A. 香港人的生活方式50年不變

B. 香港人可具有行政管理、立法權、獨立的司法權和終審權

C. 香港人會繼續享言論自由

9. **根據《基本法》的規定，香港特別行政區政府的主要官員之任命，為甚麼必需要報請中華人民共和國政府的同意？**

A. 因為恐怕有特殊政治背景的人士會打擊香港特別行政區政府運作

B. 是為了貫徹「一國兩制」能夠順利落實及執行

C. 因為怕有財迷心竅的幕後人物會對抗中共中央政府

10. 根據《基本法》的規定，以下哪位官員，必須由在外國無居留權的香港特別行政區永久性居民中的中國公民擔任？

A. 廉政專員

B. 消防處處長

C. 民航處處長

11. 《基本法》中，對於外派官員可否擔任香港特別行政區政府公務員的規定是甚麼？

A. 是不可以擔任香港特別行政區政府公務員

B. 是可以擔任香港特別行政區政府公務員，但必須經過招聘考試合格

C. 是可以擔任香港特別行政區政府公務員，但必須經過中央政府委派

12. 《基本法》中，對於中央政府各部門和省、市、自治區自行來港設立機構有何規範？

A. 可以於任何的時間來港設立機構

B. 來港設立機構，必須經過香港特別行政區政府的批准

C. 不可能自行來港設立機構

CHAPTER ONE
CRE 簡介

CHAPTER TWO
模擬試題

CHAPTER THREE
基本法概覽

CHAPTER FOUR
基本法全文

CHAPTER FIVE
常見問題

13. **香港特別行政區與內地各省、市、自治區的體制有何異同？**

A. 省、市、自治區實行一國一制；香港保留資本主義，高度自治

B. 省、市、自治區不用自負盈虧；也不用自行制定政策

C. 香港可擁有外匯基金省、市、自治區中不能擁有

14. **以下哪一條，並不是根據《基本法》第18條及附件三在香港特別行政區所實施的全國性法律？**

A.《中華人民共和國國籍法》

B.《中華人民共和國國旗法》

C.《中華人民共和國立法法》

15. 根據《基本法》第100條的規定，香港特別
行政區成立前，在香港政府各部門任職的公
務人員均可留用，其年資予以保留，薪金、
津貼、福利待遇和服務條件_____。

A. 不低於實際市場的標準

B. 不低於中國國家水平標準

C. 不低於原來的標準

測試（20）答案

(1) C	(2) B	(3) C	(4) C	(5) C
(6) A	(7) B	(8) B	(9) B	(10) A
(11) A	(12) C	(13) A	(14) C	(15) C

CHAPTER THREE

基本法概覽

背景

在1984年12月19日，中英兩國政府簽署了《中華人民共和國政府和大不列顛及北愛爾蘭聯合王國政府關於香港問題的中英聯合聲明》（下稱《聯合聲明》），當中載明中華人民共和國對香港的基本方針政策。根據「一國兩制」的原則，香港特別行政區不會實行社會主義制度和政策，香港原有的資本主義制度和生活方式，保持五十年不變。根據《聯合聲明》，這些基本方針政策將會規定於香港特別行政區基本法內。

《中華人民共和國香港特別行政區基本法》（下稱《基本法》）在1990年4月4日經中華人民共和國第七屆全國人民代表大會（下稱全國人民代表大會）通過，並已於1997年7月1日生效。

有關文件

《基本法》是香港特別行政區的憲制性文件，它以法律的形式，訂明「一國兩制」、「高度自治」和「港人治港」等重要理念，亦訂明了在香港特別行政區實行的各項制度。

《基本法》包括以下章節－

(a) 《基本法》正文，包括九個章節，160條條文；

(b) 附件一，訂明香港特別行政區行政長官的產生辦法；

(c) 附件二，訂明香港特別行政區立法會的產生辦法和表決程序；及

(d) 附件三，列明在香港特別行政區實施的全國性法律。

起草過程

負責起草《基本法》的委員會，成員包括了香港和內地人士。而在1985年成立的基本法諮詢委員會，成員則全屬香港人士，他們負責在香港徵求公眾對基本法草案的意見。

1988年4月，基本法起草委員會公布首份草案，基本法諮詢委員會隨即進行為期五個月的諮詢公眾工作。第二份草案在1989年2月公布，諮詢工作則在1989年10月結束。《基本法》連同香港特別行政區區旗和區徽圖案，由全國人民代表大會於1990年4月4日正式頒布。

香港特別行政區的藍圖

《基本法》為香港特別行政區勾劃了發展藍圖。下文載述中華人民共和國對香港特別行政區的基本方針政策的主要條文。

總則

● 香港特別行政區實行高度自治，享有行政管理權、立法權、獨立的司法權和終審權。（參考《基本法》第2條）

● 香港特別行政區的行政機關和立法機關由香港永久性居民組成。（參考《基本法》第3條）

● 香港特別行政區不實行社會主義制度和政策，保持原有的資本主義制度和生活方式，五十年不變。（參考《基本法》第5條）

● 香港原有法律，即普通法、衡平法、條例、附屬立法和習慣法，除同《基本法》相抵觸或經香港特別行政區的立法機關作出修改者外，予以保留。（參考《基本法》第8條）

中央和香港特別行政區的關係

● 中央人民政府負責管理香港特別行政區的防務和外交事務。（參考《基本法》第13至14條）

● 中央人民政府授權香港特別行政區自行處理有關的對外事務。（參考《基本法》第13條）

- 香港特別行政區政府負責維持香港特別行政區的社會治安。（參考《基本法》第14條）

- 全國性法律除列於《基本法》附件三者外，不在香港特別行政區實施。任何列於附件三的法律，限於有關國防、外交和其他不屬於香港特別行政區自治範圍的法律。凡列於附件三的法律，由香港特別行政區在當地公佈或立法實施。（參考《基本法》第18條）

- 中央人民政府所屬各部門、各省、自治區、直轄市均不得干預香港特別行政區根據《基本法》自行管理的事務。（參考《基本法》第22條）

保障權利和自由

- 香港特別行政區依法保護私有財產權。（參考《基本法》第6條）

- 香港居民在法律面前一律平等。香港特別行政區永久性居民依法享有選舉權和被選舉權。（參考《基本法》第25至26條）

- 香港居民的人身自由不受侵犯。（參考《基本法》第28條）

- 香港居民享有言論、新聞、出版的自由，結社、集會、遊行、示威、通訊、遷徙、信仰、宗教和婚姻自由，以及組織和參加工會、罷工的權利和自由。（參考《基本法》第27至38條）

- 《公民權利和政治權利國際公約》、《經濟、社會與文化權利的國際公約》和國際勞工公約適用於香港的有關規定繼續有效，通過香港特別行政區的法律予以實施。（參考《基本法》第39條）

政治體制
行政機關

● 香港特別行政區行政長官由年滿四十周歲，在香港通常居住連續滿二十年並在外國無居留權的香港特別行政區永久性居民中的中國公民擔任。（參考《基本法》第44條）

● 香港特別行政區行政長官在當地通過選舉或協商產生，由中央人民政府任命。行政長官的產生辦法根據香港特別行政區的實際情況和循序漸進的原則而規定，最終達至由一個有廣泛代表性的提名委員會按民主程序提名後普選產生的目標。（參考《基本法》第45條）

● 香港特別行政區政府必須遵守法律，對香港特別行政區立法會負責：執行立法會通過並已生效的法律；定期向立法會作施政報告；答覆立法會議員的質詢；徵稅和公共開支須經立法會批准。（參考《基本法》第64條）

立法機關

● 香港特別行政區立法會由選舉產生。立法會的產生辦法根據香港特別行政區的實際情況和循序漸進的原則而規定，最終達至全部議員由普選產生的目標。（參考《基本法》第68條）

● 香港特別行政區立法會的職權主要包括：

　· 制定、修改和廢除法律；

　· 根據政府的提案，審核、通過財政預算；

　· 批准稅收和公共開支；

　· 對政府的工作提出質詢；

CHAPTER ONE
CRE 簡介

CHAPTER TWO
模擬試題

CHAPTER THREE
基本法概覽

CHAPTER FOUR
基本法全文

CHAPTER FIVE
常見問題

· 就任何有關公共利益問題進行辯論；

· 同意終審法院法官和高等法院首席法官的任免。（參考《基本法》第73條）

司法機關

● 香港特別行政區的終審權屬於香港特別行政區終審法院。終審法院可根據需要邀請其他普通法適用地區的法官參加審判。（參考《基本法》第82條）

● 香港特別行政區法院獨立進行審判，不受任何干涉。（參考《基本法》第85條）

● 原在香港實行的陪審制度的原則予以保留。任何人在被合法拘捕後，享有盡早接受司法機關公正審判的權利，未經司法機關判罪之前均假定無罪。（參考《基本法》第86至87條）

● 香港特別行政區可與中華人民共和國其他地區的司法機關通過協商依法進行司法方面的聯繫和相互提供協助。在中央人民政府協助或授權下，香港特別行政區政府可與外國就司法互助關係作出適當安排。（參考《基本法》第95至96條）

經濟

- 香港特別行政區保持自由港、單獨的關稅地區和國際金融中心的地位，繼續開放外匯、黃金、證券、期貨等市場和維持資金流動自由。（參考《基本法》第109/112/114/116條）

- 港元為香港特別行政區法定貨幣，繼續流通。港幣的發行權屬於香港特別行政區政府。（參考《基本法》第111條）

- 香港特別行政區實行自由貿易政策，保障貨物、無形財產和資本的流動自由。（參考《基本法》第115條）

- 香港特別行政區經中央人民政府授權繼續進行船舶登記，並以「中國香港」的名義頒發有關證件。香港特別行政區的私營航運及與航運有關的企業，可繼續自由經營。（參考《基本法》第125/127條）

- 香港特別行政區繼續實行原在香港實行的民用航空管理制度，並設置自己的飛機登記冊。香港特別行政區在中央人民政府的授權下，可與外國或地區談判簽訂民用航空運輸協定。（參考《基本法》第129至134條）

教育、科學、文化、體育、宗教、勞工和社會服務

- 香港特別行政區自行制定有關發展和改進教育、科學技術、文化、體育、社會福利和勞工的政策。（參考《基本法》第136至147條）

- 香港特別行政區的教育、科學、技術、文化、藝術、體育、專業、醫療衛生、勞工、社會福利、社會工作等方面的民間團體和宗教組織可同世界各國、各地區及國際的有關團體和組織保持和發展關係，各該團體和組織可根據需要冠用「中國香港」的名義，參與有關活動。（參考《基本法》第149條）

對外事務

- 香港特別行政區可在經濟、貿易、金融、航運、通訊、旅遊、文化、體育等領域以「中國香港」的名義，單獨地同世界各國、各地區及有關國際組織保持和發展關係，簽訂和履行有關協議。（參考《基本法》第151條）

- 對以國家為單位參加的、同香港特別行政區有關的、適當領域的國際組織和國際會議，香港特別行政區政府可派遣代表作為中華人民共和國代表團的成員或以中央人民政府和上述有關國際組織或國際會議允許的身份參加，並以「中國香港」的名義發表意見。香港特別行政區可以「中國香港」的名義參加不以國家為單位參加的國際組織和國際會議。（參考《基本法》第152條）

- 中華人民共和國締結的國際協議，中央人民政府可根據香港特別行政區的情況和需要，在徵詢香港特別行政區政府的意見後，決定是否適用於香港特別行政區。中華人民共和國尚未參加但已適用於香港的國際協議仍可繼續適用。中央人民政府根據需要授權或協助香港特別行政區政府作出適當安排，使其他有關國際協議適用於香港特別行政區。（參考《基本法》第153條）

基本法的解釋和修改

　　《基本法》的解釋權屬於全國人民代表大會常務委員會。全國人民代表大會常務委員會授權香港特別行政區法院在審理案件時對《基本法》關於香港特別行政區自治範圍內的條款自行解釋。香港特別行政區法院在審理案件時對《基本法》的其他條款也可解釋。但如香港特別行政區法院在審理案件時需要對《基本法》關 於中央人民政府管理的事務或中央和香港特別行政區關係的條款進行解釋，而該條款的解釋又影響到案件的判決，在對該案件作出不可上訴的終局判決前，應由香港 特別行政區終審法院請全國人民代表大會常務委員會對有關條款作出解釋。（參考《基本法》第158條）

　　《基本法》的修改權屬於全國人民代表大會。《基本法》的任何修改，均不得同中華人民共和國對香港既定的基本方針政策相抵觸。（參考《基本法》第159條）

CHAPTER FOUR

基本法全文

中華人民共和國主席令

第二十六號

《中華人民共和國香港特別行政區基本法》，包括附件一：《香港特別行政區行政長官的產生辦法》，附件二：《香港特別行政區立法會的產生辦法和表決程序》，附件三：《在香港特別行政區實施的全國性法律》，以及香港特別行政區區旗、區徽圖案，已由中華人民共和國第七屆全國人民代表大會第三次會議於 1990 年 4 月 4 日通過，現予公佈，自 1997 年 7 月 1 日起實施。

中華人民共和國主席 楊尚昆

1990 年 4 月 4 日

1990 年 4 月 4 日通過，現予公佈，於 1997 年 7 月 1 日實施。

中華人民共和國香港特別行政區基本法

一九九〇年四月四日中華人民共和國

第七屆全國人民代表大會第三次會議通過

CHAPTER ONE
CRE 簡介

CHAPTER TWO
模擬試題

CHAPTER THREE
基本法概覽

CHAPTER FOUR
基本法全文

CHAPTER FIVE
常見問題

第一章：總則

第一條

香港特別行政區是中華人民共和國不可分離的部分。

第二條

全國人民代表大會授權香港特別行政區依照本法的規定實行高度自治，享有行政管理權、立法權、獨立的司法權和終審權。

第三條

香港特別行政區的行政機關和立法機關由香港永久性居民依照本法有關規定組成。

第四條

香港特別行政區依法保障香港特別行政區居民和其他人的權利和自由。

第五條

香港特別行政區不實行社會主義制度和政策，保持原有的資本主義制度和生活方式，五十年不變。

第六條

香港特別行政區依法保護私有財產權。

第七條

香港特別行政區境內的土地和自然資源屬於國家所有，由香港特

別行政區政府負責管理、使用、開發、出租或批給個人、法人或
團體使用或開發，其收入全歸香港特別行政區政府支配。

第八條

香港原有法律，即普通法、衡平法、條例、附屬立法和習慣法，
除同本法相抵觸或經香港特別行政區的立法機關作出修改者外，
予以保留。

第九條

香港特別行政區的行政機關、立法機關和司法機關，除使用中文
外，還可使用英文，英文也是正式語文。

第十條

香港特別行政區除懸掛中華人民共和國國旗和國徽外，還可使用
香港特別行政區區旗和區徽。

香港特別行政區的區旗是五星花蕊的紫荊花紅旗。

香港特別行政區的區徽，中間是五星花蕊的紫荊花，周圍寫有“
中華人民共和國香港特別行政區”和英文“香港”。

第十一條

根據中華人民共和國憲法第三十一條，香港特別行政區的制度和
政策，包括社會、經濟制度，有關保障居民的基本權利和自由的
制度，行政管理、立法和司法方面的制度，以及有關政策，均以
本法的規定為依據。

香港特別行政區立法機關制定的任何法律，均不得同本法相抵觸。

第二章：中央和香港特別行政區的關係

第十二條

香港特別行政區是中華人民共和國的一個享有高度自治權的地方行政區域，直轄於中央人民政府。

第十三條

中央人民政府負責管理與香港特別行政區有關的外交事務。

中華人民共和國外交部在香港設立機構處理外交事務。

中央人民政府授權香港特別行政區依照本法自行處理有關的對外事務。

第十四條

中央人民政府負責管理香港特別行政區的防務。

香港特別行政區政府負責維持香港特別行政區的社會治安。

中央人民政府派駐香港特別行政區負責防務的軍隊不干預香港特別行政區的地方事務。香港特別行政區政府在必要時，可向中央人民政府請求駐軍協助維持社會治安和救助災害。

駐軍人員除須遵守全國性的法律外，還須遵守香港特別行政區的法律。駐軍費用由中央人民政府負擔。

第十五條

中央人民政府依照本法第四章的規定任命香港特別行政區行政長官和行政機關的主要官員。

第十六條

香港特別行政區享有行政管理權,依照本法的有關規定自行處理香港特別行政區的行政事務。

第十七條

香港特別行政區享有立法權。

香港特別行政區的立法機關制定的法律須報全國人民代表大會常務委員會備案。備案不影響該法律的生效。

全國人民代表大會常務委員會在徵詢其所屬的香港特別行政區基本法委員會後,如認為香港特別行政區立法機關制定的任何法律不符合本法關於中央管理的事務及中央 和香港特別行政區的關係的條款,可將有關法律發回,但不作修改。經全國人民代表大會常務委員會發回的法律立即失效。該法律的失效,除香港特別行政區的法律另有規定外,無溯及力。

第十八條

在香港特別行政區實行的法律為本法以及本法第八條規定的香港原有法律和香港特別行政區立法機關制定的法律。

全國性法律除列於本法附件三者外,不在香港特別行政區實施。凡列於本法附件三之法律,由香港特別行政區在當地公佈或立法實施。

全國人民代表大會常務委員會在徵詢其所屬的香港特別行政區基本法委員會和香港特別行政區政府的意見後，可對列於本法附件三的法律作出增減，任何列入附件三的法律，限於有關國防、外交和其他按本法規定不屬於香港特別行政區自治範圍的法律。

全國人民代表大會常務委員會決定宣佈戰爭狀態或因香港特別行政區內發生香港特別行政區政府不能控制的危及國家統一或安全的動亂而決定香港特別行政區進入緊急狀態，中央人民政府可發佈命令將有關全國性法律在香港特別行政區實施。

第十九條

香港特別行政區享有獨立的司法權和終審權。

香港特別行政區法院除繼續保持香港原有法律制度和原則對法院審判權所作的限制外，對香港特別行政區所有的案件均有審判權。

香港特別行政區法院對國防、外交等國家行為無管轄權。香港特別行政區法院在審理案件中遇有涉及國防、外交等國家行為的事實問題，應取得行政長官就該等問題發出的證明文件，上述文件對法院有約束力。行政長官在發出證明文件前，須取得中央人民政府的證明書。

第二十條

香港特別行政區可享有全國人民代表大會和全國人民代表大會常務委員會及中央人民政府授予的其他權力。

CHAPTER ONE
CRE 簡介

CHAPTER TWO
模擬試題

CHAPTER THREE
基本法概覽

CHAPTER FOUR
基本法全文

CHAPTER FIVE
常見問題

第二十一條

香港特別行政區居民中的中國公民依法參與國家事務的管理。

根據全國人民代表大會確定的名額和代表產生辦法,由香港特別行政區居民中的中國公民在香港選出香港特別行政區的全國人民代表大會代表,參加最高國家權力機關的工作。

第二十二條

中央人民政府所屬各部門、各省、自治區、直轄市均不得干預香港特別行政區根據本法自行管理的事務。

中央各部門、各省、自治區、直轄市如需在香港特別行政區設立機構,須徵得香港特別行政區政府同意並經中央人民政府批准。

中央各部門、各省、自治區、直轄市在香港特別行政區設立的一切機構及其人員均須遵守香港特別行政區的法律。

中國其他地區的人進入香港特別行政區須辦理批准手續,其中進入香港特別行政區定居的人數由中央人民政府主管部門徵求香港特別行政區政府的意見後確定。

香港特別行政區可在北京設立辦事機構。

第二十三條

香港特別行政區應自行立法禁止任何叛國、分裂國家、煽動叛亂、顛覆中央人民政府及竊取國家機密的行為,禁止外國的政治性組織或團體在香港特別行政區進行政治活動,禁止香港特別行政區的政治性組織或團體與外國的政治性組織或團體建立聯繫。

第三章：
居民的基本權利和義務

第二十四條

香港特別行政區居民，簡稱香港居民，包括永久性居民和非永久性居民。

香港特別行政區永久性居民為：

（一）在香港特別行政區成立以前或以後在香港出生的中國公民；

（二）在香港特別行政區成立以前或以後在香港通常居住連續七年以上的中國公民；

（三）第（一）、（二）兩項所列居民在香港以外所生的中國籍子女；

（四）在香港特別行政區成立以前或以後持有效旅行證件進入香港、在香港通常居住連續七年以上並以香港為永久居住地的非中國籍的人；

（五）在香港特別行政區成立以前或以後第（四）項所列居民在香港所生的未滿二十一周歲的子女；

（六）第（一）至（五）項所列居民以外在香港特別行政區成立以前只在香港有居留權的人；

以上居民在香港特別行政區享有居留權和有資格依照香港特別行政區法律取得載明其居留權的永久性居民身份證。

香港特別行政區非永久性居民為：有資格依照香港特別行政區法律取得香港居民身份證，但沒有居留權的人。

第二十五條

香港居民在法律面前一律平等。

第二十六條

香港特別行政區永久性居民依法享有選舉權和被選舉權。

第二十七條

香港居民享有言論、新聞、出版的自由，結社、集會、遊行、示威的自由，組織和參加工會、罷工的權利和自由。

第二十八條

香港居民的人身自由不受侵犯。

香港居民不受任意或非法逮捕、拘留、監禁。禁止任意或非法搜查居民的身體、剝奪或限制居民的人身自由。禁止對居民施行酷刑、任意或非法剝奪居民的生命。

第二十九條

香港居民的住宅和其他房屋不受侵犯。禁止任意或非法搜查、侵入居民的住宅和其他房屋。

第三十條

香港居民的通訊自由和通訊秘密受法律的保護。除因公共安全和追查刑事犯罪的需要，由有關機關依照法律程序對通訊進行檢查外，任何部門或個人不得以任何理由侵犯居民的通訊自由和通訊秘密。

第三十一條

香港居民有在香港特別行政區境內遷徙的自由，有移居其他國家和地區的自由。香港居民有旅行和出入境的自由。有效旅行證件的持有人，除非受到法律制止，可自由離開香港特別行政區，無需特別批准。

第三十二條

香港居民有信仰的自由。

香港居民有宗教信仰的自由，有公開傳教和舉行、參加宗教活動的自由。

第三十三條

香港居民有選擇職業的自由。

第三十四條

香港居民有進行學術研究、文學藝術創作和其他文化活動的自由。

第三十五條

香港居民有權得到秘密法律諮詢、向法院提起訴訟、選擇律師及時保護自己的合法權益或在法庭上為其代理和獲得司法補救。

香港居民有權對行政部門和行政人員的行為向法院提起訴訟。

第三十六條

香港居民有依法享受社會福利的權利。勞工的福利待遇和退休保障受法律保護。

第三十七條

香港居民的婚姻自由和自願生育的權利受法律保護。

第三十八條

香港居民享有香港特別行政區法律保障的其他權利和自由。

第三十九條

《公民權利和政治權利國際公約》、《經濟、社會與文化權利的國際公約》和國際勞工公約適用於香港的有關規定繼續有效，通過香港特別行政區的法律予以實施。

香港居民享有的權利和自由，除依法規定外不得限制，此種限制不得與本條第一款規定抵觸。

第四十條

"新界" 原居民的合法傳統權益受香港特別行政區的保護。

第四十一條

在香港特別行政區境內的香港居民以外的其他人，依法享有本章規定的香港居民的權利和自由。

第四十二條

香港居民和在香港的其他人有遵守香港特別行政區實行的法律的義務。

第四章：政治體制

第一節：行政長官

第四十三條

香港特別行政區行政長官是香港特別行政區的首長，代表香港特別行政區。

香港特別行政區行政長官依照本法的規定對中央人民政府和香港特別行政區負責。

第四十四條

香港特別行政區行政長官由年滿四十周歲，在香港通常居住連續滿二十年並在外國無居留權的香港特別行政區永久性居民中的中國公民擔任。

第四十五條

香港特別行政區行政長官在當地通過選舉或協商產生，由中央人民政府任命。

行政長官的產生辦法根據香港特別行政區的實際情況和循序漸進的原則而規定，最終達至由一個有廣泛代表性的提名委員會按民主程序提名後普選產生的目標。

行政長官產生的具體辦法由附件一《香港特別行政區行政長官的產生辦法》規定。

第四十六條

香港特別行政區行政長官任期五年，可連任一次。

第四十七條

香港特別行政區行政長官必須廉潔奉公、盡忠職守。

行政長官就任時應向香港特別行政區終審法院首席法官申報財產，記錄在案。

第四十八條

香港特別行政區行政長官行使下列職權：

（一）　領導香港特別行政區政府；

（二）　負責執行本法和依照本法適用於香港特別行政區的其他法律；

（二）　簽署立法會通過的法案，公佈法律；簽署立法會通過的財政預算案，將財政預算、決算報中央人民政府備案；

（四）　決定政府政策和發佈行政命令；

（五）　提名並報請中央人民政府任命下列主要官員：各司司長、副司長，各局局長，廉政專員，審計署署長，警務處處長，入境事務處處長，海關關長；建議中央人民政府免除上述官員職務；

（六）　依照法定程序任免各級法院法官；

（七）　依照法定程序任免公職人員；

（八）　執行中央人民政府就本法規定的有關事務發出的指令；

（九）　代表香港特別行政區政府處理中央授權的對外事務和其他事務；

（十） 批准向立法會提出有關財政收入或支出的動議；

（十一） 根據安全和重大公共利益的考慮，決定政府官員或其他負責
政府公務的人員是否向立法會或其屬下的委員會作證和提供
證據；

（十二） 赦免或減輕刑事罪犯的刑罰；

（十三） 處理請願、申訴事項。

第四十九條

香港特別行政區行政長官如認為立法會通過的法案不符合香港特
別行政區的整體利益，可在三個月內將法案發回立法會重議，立
法會如以不少於全體議員三分之二多數再次通過原案，行政長官
必須在一個月內簽署公佈或按本法第五十條的規定處理。

第五十條

香港特別行政區行政長官如拒絕簽署立法會再次通過的法案或立
法會拒絕通過政府提出的財政預算案或其他重要法案，經協商仍
不能取得一致意見，行政長官可解散立法會。

行政長官在解散立法會前，須徵詢行政會議的意見。行政長官在
其一任任期內只能解散立法會一次。

第五十一條

香港特別行政區立法會如拒絕批准政府提出的財政預算案，行政
長官可向立法會申請臨時撥款。如果由於立法會已被解散而不能
批准撥款，行政長官可在選出新的立法會前的一段時期內，按上
一財政年度的開支標準，批准臨時短期撥款。

第五十二條

香港特別行政區行政長官如有下列情況之一者必須辭職：

（一）因嚴重疾病或其他原因無力履行職務；

（二）因兩次拒絕簽署立法會通過的法案而解散立法會，重選的立法會仍以全體議員三分之二多數通過所爭議的原案，而行政長官仍拒絕簽署；

（三）因立法會拒絕通過財政預算案或其他重要法案而解散立法會，重選的立法會繼續拒絕通過所爭議的原案。

第五十三條

香港特別行政區行政長官短期不能履行職務時，由政務司長、財政司長、律政司長依次臨時代理其職務。

行政長官缺位時，應在六個月內依本法第四十五條的規定產生新的行政長官。行政長官缺位期間的職務代理，依照上款規定辦理。

第五十四條

香港特別行政區行政會議是協助行政長官決策的機構。

第五十五條

香港特別行政區行政會議的成員由行政長官從行政機關的主要官員、立法會議員和社會人士中委任，其任免由行政長官決定。行政會議成員的任期應不超過委任他的行政長官的任期。

香港特別行政區行政會議成員由在外國無居留權的香港特別行政區永久性居民中的中國公民擔任。

行政長官認為必要時可邀請有關人士列席會議。

第五十六條

香港特別行政區行政會議由行政長官主持。

行政長官在作出重要決策、向立法會提交法案、制定附屬法規和解散立法會前，須徵詢行政會議的意見，但人事任免、紀律制裁和緊急情況下採取的措施除外。

行政長官如不採納行政會議多數成員的意見，應將具體理由記錄在案。

第五十七條

香港特別行政區設立廉政公署，獨立工作，對行政長官負責。

第五十八條

香港特別行政區設立審計署，獨立工作，對行政長官負責。

第二節：行政機關

第五十九條

香港特別行政區政府是香港特別行政區行政機關。

第六十條

香港特別行政區政府的首長是香港特別行政區行政長官。

香港特別行政區政府設政務司、財政司、律政司、和各局、處、署。

第六十一條

香港特別行政區的主要官員由在香港通常居住連續滿十五年並在外國無居留權的香港特別行政區永久性居民中的中國公民擔任。

第六十二條

香港特別行政區政府行使下列職權：

（一） 制定並執行政策；

（二） 管理各項行政事務；

（三） 辦理本法規定的中央人民政府授權的對外事務；

（四） 編制並提出財政預算、決算；

（五） 擬定並提出法案、議案、附屬法規；

（六） 委派官員列席立法會並代表政府發言。

第六十三條

香港特別行政區律政司主管刑事檢察工作，不受任何干涉。

第六十四條

香港特別行政區政府必須遵守法律，對香港特別行政區立法會負責；執行立法會通過並已生效的法律；定期向立法會作施政報告；答覆立法會議員的質詢；徵稅和公共開支須經立法會批准。

第六十五條

原由行政機關設立諮詢組織的制度繼續保留。

第三節：立法機關

第六十六條

香港特別行政區立法會是香港特別行政區的立法機關。

CHAPTER ONE
CRE 簡介

CHAPTER TWO
模擬試題

CHAPTER THREE
基本法概覽

CHAPTER FOUR
基本法全文

CHAPTER FIVE
常見問題

第六十七條

香港特別行政區立法會由在外國無居留權的香港特別行政區永久性居民中的中國公民組成。但非中國籍的香港特別行政區永久性居民和在外國有居留權的香港特別行政區永久性居民也可以當選為香港特別行政區立法會議員，其所佔比例不得超過立法會全體議員的百分之二十。

第六十八條

香港特別行政區立法會由選舉產生。

立法會的產生辦法根據香港特別行政區的實際情況和循序漸進的原則而規定，最終達至全部議員由普選產生的目標。

立法會產生的具體辦法和法案、議案的表決程序由附件二《香港特別行政區立法會的產生辦法和表決程序》規定。

第六十九條

香港特別行政區立法會除第一屆任期為兩年外，每屆任期四年。

第七十條

香港特別行政區立法會如經行政長官依本法規定解散，須於三個月內依本法第六十八條的規定，重行選舉產生。

第七十一條

香港特別行政區立法會主席由立法會議員互選產生。

香港特別行政區立法會主席由年滿四十周歲，在香港通常居住連續滿二十年並在外國無居留權的香港特別行政區永久性居民中的中國公民擔任。

第七十二條

香港特別行政區立法會主席行使下列職權：

（一） 主持會議；

（二） 決定議程，政府提出的議案須優先列入議程；

（三） 決定開會時間；

（四） 在休會期間可召開特別會議；

（五） 應行政長官的要求召開緊急會議；

（六） 立法會議事規則所規定的其他職權。

第七十三條

香港特別行政區立法會行使下列職權：

（一） 根據本法規定並依照法定程序制定、修改和廢除法律；

（二） 根據政府的提案，審核、通過財政預算；

（三） 批准稅收和公共開支；

（四） 聽取行政長官的施政報告並進行辯論；

（五） 對政府的工作提出質詢；

（六） 就任何有關公共利益問題進行辯論；

（七） 同意終審法院法官和高等法院首席法官的任免；

（八） 接受香港居民申訴並作出處理；

（九） 如立法會全體議員的四分之一聯合動議，指控行政長官有嚴重違法或瀆職行為而不辭職，經立法會通過進行調查，立法會可委托終審法院首席法官負責組成獨立的調查委員會，並擔任主席。調查委員會負責進行調查，並向立法會提出報告。如該調查委員會認為有足夠證據構成上述指控，立法會以全體議員三分之二多數通過，可提出彈劾案，報請中央人民政府決定；

（十） 在行使上述各項職權時，如有需要，可傳召有關人士出席作證和提供證據。

第七十四條

香港特別行政區立法會議員根據本法規定並依照法定程序提出法律草案，凡不涉及公共開支或政治體制或政府運作者，可由立法會議員個別或聯名提出。凡涉及政府政策者，在提出前必須得到行政長官的書面同意。

第七十五條

香港特別行政區立法會舉行會議的法定人數為不少於全體議員的一分之一。

立法會議事規則由立法會自行制定，但不得與本法相抵觸。

第七十六條

香港特別行政區立法會通過的法案，須經行政長官簽署、公佈，方能生效。

第七十七條

香港特別行政區立法會議員在立法會的會議上發言，不受法律追究。

第七十八條

香港特別行政區立法會議員出席會議時和赴會途中不受逮捕。

第七十九條

香港特別行政區立法會議員如有下列情況之一,由立法會主席宣告其喪失立法會議員的資格:

（一） 因嚴重疾病或其他情況無力履行職務;

（二） 未得到立法會主席的同意,連續三個月不出席會議而無合理解釋者;

（三） 喪失或放棄香港特別行政區永久性居民的身份;

（四） 接受政府的委任而出任公務人員;

（五） 破產或經法庭裁定償還債務而不履行;

（六） 在香港特別行政區區內或區外被判犯有刑事罪行,判處監禁一個月以上,並經立法會出席會議的議員三分之二通過解除其職務;

（七） 行為不檢或違反誓言而經立法會出席會議的議員三分之二通過譴責。

第四節：司法機關
第八十條

香港特別行政區各級法院是香港特別行政區的司法機關,行使香港特別行政區的審判權。

第八十一條

香港特別行政區設立終審法院、高等法院、區域法院、裁判署法庭和其他專門法庭。高等法院設上訴法庭和原訟法庭。

原在香港實行的司法體制,除因設立香港特別行政區終審法院而產生變化外,予以保留。

CHAPTER ONE
CRF 簡介

CHAPTER TWO
模擬試題

CHAPTER THREE
基本法概覽

CHAPTER FOUR
基本法全文

CHAPTER FIVE
常見問題

第八十二條

香港特別行政區的終審權屬於香港特別行政區終審法院。終審法院可根據需要邀請其他普通法適用地區的法官參加審判。

第八十三條

香港特別行政區的各級法院的組織和職權由法律規定。

第八十四條

香港特別行政區法院依照本法第十八條所規定的適用於香港特別行政區的法律審判案件，其他普通法適用地區的司法判例可作參考。

第八十五條

香港特別行政區法院獨立進行審判，不受任何干涉，司法人員履行審判職責的行為不受法律追究。

第八十六條

原在香港實行的陪審制度的原則予以保留。

第八十七條

香港特別行政區的刑事訴訟和民事訴訟中保留原在香港適用的原則和當事人享有的權利。

任何人在被合法拘捕後，享有盡早接受司法機關公正審判的權利，未經司法機關判罪之前均假定無罪。

第八十八條

香港特別行政區法院的法官，根據當地法官和法律界及其他方面知名人士組成的獨立委員會推薦，由行政長官任命。

第八十九條

香港特別行政區法院的法官只有在無力履行職責或行為不檢的情況下，行政長官才可根據終審法院首席法官任命的不少於三名當地法官組成的審議庭的建議，予以免職。

香港特別行政區終審法院的首席法官只有在無力履行職責或行為不檢的情況下，行政長官才可任命不少於五名當地法官組成的審議庭進行審議，並可根據其建議，依照本法規定的程序，予以免職。

第九十條

香港特別行政區終審法院和高等法院的首席法官，應由在外國無居留權的香港特別行政區永久性居民中的中國公民擔任。

除本法第八十八條和第八十九條規定的程序外，香港特別行政區終審法院的法官和高等法院首席法官的任命或免職，還須由行政長官徵得立法會同意，並報全國人民代表大會常務委員會備案。

第九十一條

香港特別行政區法官以外的其他司法人員原有的任免制度繼續保持。

CHAPTER ONE
CRE
簡介

CHAPTER TWO
模擬試題

CHAPTER THREE
基本法概覽

CHAPTER FOUR
基本法全文

CHAPTER FIVE
常見問題

第九十二條

香港特別行政區的法官和其他司法人員，應根據其本人的司法和專業才能選用，並可從其他普通法適用地區聘用。

第九十三條

香港特別行政區成立前在香港任職的法官和其他司法人員均可留用，其年資予以保留，薪金、津貼、福利待遇和服務條件不低於原來的標準。

對退休或符合規定離職的法官和其他司法人員，包括香港特別行政區成立前已退休或離職者，不論其所屬國籍或居住地點，香港特別行政區政府按不低於原來的標準，向他們或其家屬支付應得的退休金、酬金、津貼和福利費。

第九十四條

香港特別行政區政府可參照原在香港實行的辦法，作出有關當地和外來的律師在香港特別行政區工作和執業的規定。

第九十五條

香港特別行政區可與全國其他地區的司法機關通過協商依法進行司法方面的聯繫和相互提供協助。

第九十六條

在中央人民政府協助或授權下，香港特別行政區政府可與外國就司法互助關係作出適當安排。

第五節：區域組織
第九十七條

香港特別行政區可設立非政權性的區域組織，接受香港特別行政區政府就有關地區管理和其他事務的諮詢，或負責提供文化、康樂、環境衛生等服務。

第九十八條

區域組織的職權和組成方法由法律規定。

第六節：公務人員
第九十九條

在香港特別行政區政府各部門任職的公務人員必須是香港特別行政區永久性居民。本法第一百零一條對外籍公務人員另有規定者或法律規定某一職級以下者不在此限。

公務人員必須盡忠職守，對香港特別行政區政府負責。

第一百條

香港特別行政區成立前在香港政府各部門，包括警察部門任職的公務人員均可留用，其年資予以保留，薪金、津貼、福利待遇和服務條件不低於原來的標準。

第一百零一條

香港特別行政區政府可任用原香港公務人員中的或持有香港特別行政區永久性居民身份證的英籍和其他外籍人士擔任政府部門的各級公務人員，但下列各職級的官員必須由在外國無居留權的

香港特別行政區永久性居民中的中國公民擔任：各司司長、副司長，各局局長，廉政專員，審計署署長，警務處處長，入境事務處處長，海關關長。

香港特別行政區政府還可聘請英籍和其他外籍人士擔任政府部門的顧問，必要時並可從香港特別行政區以外聘請合格人員擔任政府部門的專門和技術職務。上述外籍人士只能以個人身份受聘，對香港特別行政區政府負責。

第一百零二條

對退休或符合規定離職的公務人員，包括香港特別行政區成立前退休或符合規定離職的公務人員，不論其所屬國籍或居住地點，香港特別行政區政府按不低於原來的標準向他們或其家屬支付應得的退休金、酬金、津貼和福利費。

第一百零三條

公務人員應根據其本人的資格、經驗和才能予以任用和提升，香港原有關於公務人員的招聘、僱用、考核、紀律、培訓和管理的制度，包括負責公務人員的任用、薪金、服務條件的專門機構，除有關給予外籍人員特權待遇的規定外，予以保留。

第一百零四條

香港特別行政區行政長官、主要官員、行政會議成員、立法會議員、各級法院法官和其他司法人員在就職時必須依法宣誓擁護中華人民共和國香港特別行政區基本法，效忠中華人民共和國香港特別行政區。

第五章：經濟

第一節：財政、金融、貿易和工商業

第一百零五條

香港特別行政區依法保護私人和法人財產的取得、使用、處置和繼承的權利，以及依法徵用私人和法人財產時被徵用財產的所有人得到補償的權利。

徵用財產的補償應相當於該財產當時的實際價值，可自由兌換，不得無故遲延支付。

企業所有權和外來投資均受法律保護。

第一百零六條

香港特別行政區保持財政獨立。

香港特別行政區的財政收入全部用於自身需要，不上繳中央人民政府。

中央人民政府不在香港特別行政區徵稅。

第一百零七條

香港特別行政區的財政預算以量入為出為原則，力求收支平衡，避免赤字，並與本地生產總值的增長率相適應。

第一百零八條

香港特別行政區實行獨立的稅收制度。

香港特別行政區參照原在香港實行的低稅政策,自行立法規定稅種、稅率、稅收寬免和其他稅務事項。

第一百零九條

香港特別行政區政府提供適當的經濟和法律環境,以保持香港的國際金融中心地位。

第一百一十條

香港特別行政區的貨幣金融制度由法律規定。

香港特別行政區政府自行制定貨幣金融政策,保障金融企業和金融市場的經營自由,並依法進行管理和監督。

第一百一十一條

港元為香港特別行政區法定貨幣,繼續流通。

港幣的發行權屬於香港特別行政區政府。港幣的發行須有百分之百的準備金。港幣的發行制度和準備金制度,由法律規定。

香港特別行政區政府,在確知港幣的發行基礎健全和發行安排符合保持港幣穩定的目的的條件下,可授權指定銀行根據法定權限發行或繼續發行港幣。

第一百一十二條

香港特別行政區不實行外匯管制政策。港幣自由兌換。繼續開放外匯、黃金、證券、期貨等市場。

香港特別行政區政府保障資金的流動和進出自由。

第一百一十三條

香港特別行政區的外匯基金,由香港特別行政區政府管理和支配,主要用於調節港元匯價。

第一百一十四條

香港特別行政區保持自由港地位,除法律另有規定外,不徵收關稅。

第一百一十五條

香港特別行政區實行自由貿易政策,保障貨物、無形財產和資本的流動自由。

第一百一十六條

香港特別行政區為單獨的關稅地區。

香港特別行政區可以「中國香港」的名義參加《關稅和貿易總協定》、關於國際紡織品貿易安排等有關國際組織和國際貿易協定,包括優惠貿易安排。

香港特別行政區所取得的和以前取得仍繼續有效的出口配額、關稅優惠和達成的其他類似安排,全由香港特別行政區享有。

第一百一十七條

香港特別行政區根據當時的產地規則,可對產品簽發產地來源證。

第一百一十八條

香港特別行政區政府提供經濟和法律環境，鼓勵各項投資、技術進步並開發新興產業。

第一百一十九條

香港特別行政區政府制定適當政策，促進和協調製造業、商業、旅遊業、房地產業、運輸業、公用事業、服務性行業、漁農業等各行業的發展，並注意環境保護。

第二節：土地契約
第一百二十條

香港特別行政區成立以前已批出、決定、或續期的超越一九九七年六月三十日年期的所有土地契約和與土地契約有關的一切權利，均按香港特別行政區的法律繼續予以承認和保護。

第一百二十一條

從一九八五年五月二十七日至一九九七年六月三十日期間批出的，或原沒有續期權利而獲得續期的，超出一九九七年六月三十日年期而不超過二〇四七年六月三十日的一切土地契約，承租人從一九九七年七月一日起　不補地價，但需每年繳納相當於當日該土地應課差餉租值百分之三的租金。此後，隨應課差餉租值的改變而調整租金。

第一百二十二條

原舊批約地段、鄉村屋地、丁屋地和類似的農村土地，如該土地在一九八四年六月三十日的承租人，或在該日以後批出的丁屋地承租人，其父系為一八九八年在香港的原有鄉村居民，只要該土地的承租人仍為該人或其合法父系繼承人，原定租金維持不變。

第一百二十三條

香港特別行政區成立以後滿期而沒有續期權利的土地契約，由香港特別行政區自行制定法律和政策處理。

第三節：航運

第一百二十四條

香港特別行政區保持原在香港實行的航運經營和管理體制，包括有關海員的管理制度。

香港特別行政區政府自行規定在航運方面的具體職能和責任。

第一百二十五條

香港特別行政區經中央人民政府授權繼續進行船舶登記，並根據香港特別行政區的法律以「中國香港」的名義頒發有關證件。

第一百二十六條

除外國軍用船隻進入香港特別行政區須經中央人民政府特別許可外，其他船舶可根據香港特別行政區法律進出其港口。

第一百二十七條

香港特別行政區的私營航運及與航運有關的企業和私營集裝箱碼頭，可繼續自由經營。

第四節：民用航空

第一百二十八條

香港特別行政區政府應提供條件和採取措施，以保持香港的國際和區域航空中心的地位。

第一百二十九條

香港特別行政區繼續實行原在香港實行的民用航空管理制度，並按中央人民政府關於飛機國籍標誌和登記標誌的規定，設置自己的飛機登記冊。

外國國家航空器進入香港特別行政區須經中央人民政府特別許可。

第一百三十條

香港特別行政區自行負責民用航空的日常業務和技術管理，包括機場管理，在香港特別行政區飛行情報區內提供空中交通服務，和履行國際民用航空組織的區域性航行規劃程序所規定的其他職責。

第一百三十一條

中央人民政府經同香港特別行政區政府磋商作出安排，為在香港特別行政區註冊並以香港為主要營業地的航空公司和中華人民共和國的其他航空公司，提供香港特別行政區和中華人民共和國其他地區之間的往返航班。

第一百三十二條

凡涉及中華人民共和國其他地區同其他國家和地區的往返並經停香港特別行政區的航班，和涉及香港特別行政區同其他國家和地區的往返並經停中華人民共和國其他地區航班的民用航空運輸協定，由中央人民政府簽訂。

中央人民政府在簽訂本條第一款所指民用航空運輸協定時，應考慮香港特別行政區的特殊情況和經濟利益，並同香港特別行政區政府磋商。

中央人民政府在同外國政府商談有關本條第一款所指航班的安排時，香港特別行政區政府的代表可作為中華人民共和國政府代表團的成員參加。

第一百三十三條

香港特別行政區政府經中央人民政府具體授權可：
（一）續簽或修改原有的民用航空運輸協定和協議；
（二）談判簽訂新的民用航空運輸協定，為在香港特別行政區註冊並以香港為主要營業地的航空公司提供航線，以及過境和技術停降權利；
（三）同沒有簽訂民用航空運輸協定的外國或地區談判簽訂臨時協議。

不涉及往返、經停中國內地而只往返、經停香港的定期航班，均由本條所指的民用航空運輸協定或臨時協議予以規定。

第一百三十四條

中央人民政府授權香港特別行政區政府：

（一） 同其他當局商談並簽訂有關執行本法第一百三十三條所指民用航空運輸協定和臨時協議的各項安排；

（二） 對在香港特別行政區註冊並以香港為主要營業地的航空公司簽發執照；

（三） 依照本法第一百三十三條所指民用航空運輸協定和臨時協議指定航空公司；

（四） 對外國航空公司除往返、經停中國內地的航班以外的其他航班簽發許可證。

第一百三十五條

香港特別行政區成立前在香港註冊並以香港為主要營業地的航空公司和與民用航空有關的行業，可繼續經營。

第六章：教育、科學、文化、體育、宗教、勞工和社會服務

第一百三十六條

香港特別行政區政府在原有教育制度的基礎上，自行制定有關教育的發展和改進的政策，包括教育體制和管理、教學語言、經費分配、考試制度、學位制度和承認學歷等政策。

社會團體和私人可依法在香港特別行政區興辦各種教育事業。

第一百三十七條

各類院校均可保留其自主性並享有學術自由，可繼續從香港特別行政區以外招聘教職員和選用教材。宗教組織所辦的學校可繼續提供宗教教育，包括開設宗教課程。

學生享有選擇院校和在香港特別行政區以外求學的自由。

第一百三十八條

香港特別行政區政府自行制定發展中西醫藥和促進醫療衛生服務的政策。社會團體和私人可依法提供各種醫療衛生服務。

第一百三十九條

香港特別行政區政府自行制定科學技術政策，以法律保護科學技術的研究成果、專利和發明創造。

香港特別行政區政府自行確定適用於香港的各類科學、技術標準和規格。

第一百四十條

香港特別行政區政府自行制定文化政策，以法律保護作者在文學藝術創作中所獲得的成果和合法權益。

第一百四十一條

香港特別行政區政府不限制宗教信仰自由，不干預宗教組織的內部事務，不限制與香港特別行政區法律沒有抵觸的宗教活動。

宗教組織依法享有財產的取得、使用、處置、繼承以及接受資助的權利。財產方面的原有權益仍予保持和保護。

宗教組織可按原有辦法繼續興辦宗教院校、其他學校、醫院和福利機構以及提供其他社會服務。

香港特別行政區的宗教組織和教徒可與其他地方的宗教組織和教徒保持和發展關係。

第一百四十二條

香港特別行政區政府在保留原有的專業制度的基礎上，自行制定有關評審各種專業的執業資格的辦法。

在香港特別行政區成立前已取得專業和執業資格者，可依據有關規定和專業守則保留原有的資格。

香港特別行政區政府繼續承認在特別行政區成立前已承認的專業和專業團體，所承認的專業團體可自行審核和頒授專業資格。

香港特別行政區政府可根據社會發展需要並諮詢有關方面的意見，承認新的專業和專業團體。

第一百四十三條

香港特別行政區政府自行制定體育政策。民間體育團體可依法繼續存在和發展。

第一百四十四條

香港特別行政區政府保持原在香港實行的對教育、醫療衛生、文化、藝術、康樂、體育、社會福利、社會工作等方面的民間團體機構的資助政策。原在香港各資助機構任職的人員均可根據原有制度繼續受聘。

第一百四十五條

香港特別行政區政府在原有社會福利制度的基礎上，根據經濟條件和社會需要，自行制定其發展、改進的政策。

第一百四十六條

香港特別行政區從事社會服務的志願團體在不抵觸法律的情況下可自行決定其服務方式。

第一百四十七條

香港特別行政區自行制定有關勞工的法律和政策。

第一百四十八條

香港特別行政區的教育、科學、技術、文化、藝術、體育、專

業、醫療衛生、勞工、社會福利、社會工作等方面的民間團體和
宗教組織同內地相應的團體和組織的關係，應以互不隸屬、互不
干涉和互相尊重的原則為基礎。

第一百四十九條

香港特別行政區的教育、科學、技術、文化、藝術、體育、專
業、醫療衛生、勞工、社會福利、社會工作等方面的民間團體和
宗教組織可同世界各國、各地區及國際的有關團體和組織保持
和發展關係，各該團體和組織可根據需要冠用「中國香港」的名
義，參與有關活動。

第七章：對外事務

第一百五十條

香港特別行政區政府的代表，可作為中華人民共和國政府代表團
的成員，參加由中央人民政府進行的同香港特別行政區直接有關
的外交談判。

第一百五十一條

香港特別行政區可在經濟、貿易、金融、航運、通訊、旅遊、文
化、體育等領域以「中國香港」的名義，單獨地同世界各國、各地
區及有關國際組織保持和發展關係，簽訂和履行有關協議。

第一百五十二條

對以國家為單位參加的、同香港特別行政區有關的、適當領域的國際組織和國際會議，香港特別行政區政府可派遣代表作為中華人民共和國代表團的成員或以中央人民政府和上述有關國際組織或國際會議允許的身份參加，並以「中國香港」的名義發表意見。

香港特別行政區可以「中國香港」的名義參加不以國家為單位參加的國際組織和國際會議。

對中華人民共和國已參加而香港也以某種形式參加了的國際組織，中央人民政府將採取必要措施使香港特別行政區以適當形式繼續保持在這些組織中的地位。

對中華人民共和國尚未參加而香港已以某種形式參加的國際組織，中央人民政府將根據需要使香港特別行政區以適當形式繼續參加這些組織。

第一百五十三條

中華人民共和國締結的國際協議，中央人民政府可根據香港特別行政區的情況和需要，在徵詢香港特別行政區政府的意見後，決定是否適用於香港特別行政區。

中華人民共和國尚未參加但已適用於香港的國際協議仍可繼續適用。中央人民政府根據需要授權或協助香港特別行政區政府作出適當安排，使其他有關國際協議適用於香港特別行政區。

第一百五十四條

中央人民政府授權香港特別行政區政府依照法律給持有香港特別

行政區永久性居民身份證的中國公民簽發中華人民共和國香港特別行政區護照，給在香港特別行政區的其他合法居留者簽發中華人民共和國香港特別行政區的其他旅 行證件。上述護照和證件，前往各國和各地區有效，並載明持有人有返回香港特別行政區的權利。

對世界各國或各地區的人入境、逗留和離境，香港特別行政區政府可實行出入境管制。

第一百五十五條

中央人民政府協助或授權香港特別行政區政府與各國或各地區締結互免簽證協議。

第一百五十六條

香港特別行政區可根據需要在外國設立官方或半官方的經濟和貿易機構，報中央人民政府備案。

第一百五十七條

外國在香港特別行政區設立領事機構或其他官方、半官方機構，須經中央人民政府批准。

已同中華人民共和國建立正式外交關係的國家在香港設立的領事機構和其他官方機構，可予保留。

尚未同中華人民共和國建立正式外交關係的國家在香港設立的領事機構和其他官方機構，可根據情況允許保留或改為半官方機構。

尚未為中華人民共和國承認的國家，只能在香港特別行政區設立民間機構。

第八章：本法的解釋和修改

第一百五十八條

本法的解釋權屬於全國人民代表大會常務委員會。

全國人民代表大會常務委員會授權香港特別行政區法院在審理案件時對本法關於香港特別行政區自治範圍內的條款自行解釋。

香 港特別行政區法院在審理案件時對本法的其他條款也可解釋。但如香港特別行政區法院在審理案件時需要對本法關於中央人民政府管理的事務或中央和香港特別行政 區關係的條款進行解釋，而該條款的解釋又影響到案件的判決，在對該案件作出不可上訴的終局判決前，應由香港特別行政區終審法院請全國人民代表大會常務委員 會對有關條款作出解釋。如全國人民代表大會常務委員會作出解釋，香港特別行政區法院在引用該條款時，應以全國人民代表大會常務委員會的解釋為準。但在此以 前作出的判決不受影響。

全國人民代表大會常務委員會在對本法進行解釋前，徵詢其所屬的香港特別行政區基本法委員會的意見。

第一百五十九條

本法的修改權屬於全國人民代表大會。

本法的 修改提案權屬於全國人民代表大會常務委員會，國務院和香港特別行政區。香港特別行政區的修改議案，須經香港特別行

政區的全國人民代表大會代表三分之二多 數、香港特別行政區立法會全體議員三分之二多數和香港特別行政區行政長官同意後，交由香港特別行政區出席全國人民代表大會的代表團向全國人民代表大會提 出。

本法的修改議案在列入全國人民代表大會的議程前，先由香港特別行政區基本法委員會研究並提出意見。

本法的任何修改，均不得同中華人民共和國對香港既定的基本方針政策相抵觸。

第九章：附則

第一百六十條

香港特別行政區成立時，香港原有法律除由全國人民代表大會常務委員會宣佈為同本法抵觸者外，採用為香港特別行政區法律，如以後發現有的法律與本法抵觸，可依照本法規定的程序修改或停止生效。

在香港原有法律下有效的文件、證件、契約和權利義務，在不抵觸本法的前提下繼續有效，受香港特別行政區的承認和保護。

《基本法》各附件

關於《基本法》各附件，考生可以通過掃瞄以下 QR Code 讀取資料：

附件一 香港特別行政區行政長官的產生辦法
https://www.basiclaw.gov.hk/pda/tc/ba-siclawtext/annex_1.html

附件二 香港特別行政區立法會的產生辦法和表決程序
https://www.basiclaw.gov.hk/pda/tc/ba-siclawtext/annex_2.html

附件三 在香港特別行政區實施的全國性法律
https://www.basiclaw.gov.hk/pda/tc/ba-siclawtext/annex_3.html

其他文件（一至廿六）
https://www.basiclaw.gov.hk/pda/tc/ba-siclawtext/index.html

CHAPTER FIVE

常見問題

常見問題

什麼人符合申請資格？

· 持有大學學位；

· 現正就讀學士學位課程最後一年；或

· 持有符合申請學位或專業程度公務員職位所需的專業資格。

「綜合招聘考試」（CRE）跟「聯合招聘考試」（JRE）有何分別？

在CRE中英文運用考試中取得「二級」成績後，可投考JRE，考試為AO、EO及勞工事務主任、貿易主任四職系的招聘而設。

CRE成績何時公佈？

考試邀請信會於考前12天以電郵通知，成績會在試後1個月內郵寄到考生地址。

報考CRE的費用是多少？

不設收費。

基本法測試有分程度嗎？

投考不同學歷要求的職系，考核方式會有不同：

第一級：申請學位及專業程度公務員職系

定期舉辦筆試，全卷共有15條選擇題，考生須於20分鐘內完成，有關成績永久有效。

第二級：學歷要求於中五程度或以上，但低於學位程度職系

筆試會安排在招聘程序中，有15條選擇題，須於25分鐘內完成。

第三級：學歷要求低於中五程度職系

遴選面試中作簡單口頭提問。

基本法測試的及格分數是？

不設及格水平，滿分為100分。根據公務員事務局資料，具大學學歷的考生中72%可取得51分或以上。

看得喜 放不低

創出喜閱新思維

書名	投考公務員 基本法測試試題天書（修訂第三版）
ISBN	978-988-74807-8-5
定價	HK$118
出版日期	2022年7月
作者	Man Sir & Mark Sir
責任編輯	投考公務員系列編輯部
版面設計	梁文俊
出版	文化會社有限公司
電郵	editor@culturecross.com
網址	www.culturecross.com
發行	聯合新零售（香港）有限公司
	地址：香港鰂魚涌英皇道1065號東達中心1304-06室
	電話：（852）2963 5300
	傳真：（852）2565 0919